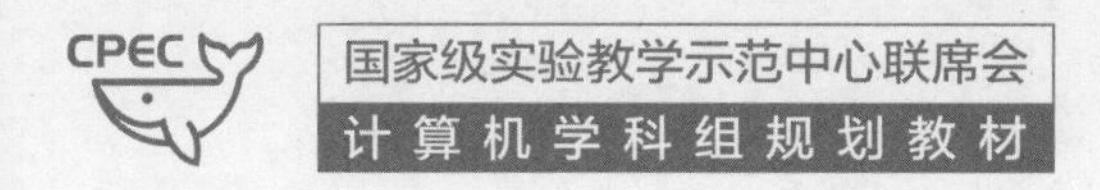

FORTRAN95 程序设计实验指导与测试 第2版

段志东 王红鹰 主 编
陈权 靳文强 王丽娟 副主编

清華大學出版社
北京

内容简介

本书是与《FORTRAN语言程序设计——FORTRAN95(第2版)微课视频版》(王丽娟等主编,清华大学出版社)相配套的实验指导书,全书由FORTRAN95集成开发环境、上机实验指导、模拟测试、习题解析及附录组成,其中:实验指导部分共12个实验,每个实验均包含实验目的、实验内容、实验要求、实验步骤、实验小结和课外练习等内容;模拟测试部分精选了5套模拟试题,包括选择题、填空题、程序阅读题和编程题等题型,全面考查读者的理论知识和编程能力;习题解析与模拟测试参考答案部分给出了主教材第1～13章部分习题的详细解答和5套模拟试题的参考答案;附录部分列出了上机实验报告的通用模板、ASCII码字符编码一览表和FORTRAN库函数。

本书针对程序设计初学者的特点,强调基本概念、基本知识、基本方法、基本操作的学习和掌握,重点强化实践能力的训练和培养,是一本颇具特色的程序设计实验教程。

本书可作为高等院校理工科专业"FORTRAN程序设计"课程的配套实验教材,也可作为程序设计初学者、从事工程计算的工作人员和科研人员的参考书。

图书在版编目(CIP)数据

FORTRAN95程序设计实验指导与测试 / 段志东,王红鹰主编. -- 2版. -- 北京 : 清华大学出版社,2024. 9.

(国家级实验教学示范中心联席会计算机学科组规划教材).

ISBN 978-7-302-67274-6

Ⅰ. TP312.8

中国国家版本馆CIP数据核字第2024PP8953号

责任编辑:付弘宇　张爱华
封面设计:刘　键
责任校对:郝美丽
责任印制:沈　露

出版发行:清华大学出版社
网　　址:https://www.tup.com.cn,https://www.wqxuetang.com
地　　址:北京清华大学学研大厦A座　　**邮　　编**:100084
社 总 机:010-83470000　　**邮　　购**:010-62786544
投稿与读者服务:010-62776969,c-service@tup.tsinghua.edu.cn
质量反馈:010-62772015,zhiliang@tup.tsinghua.edu.cn
课件下载:https://www.tup.com.cn,010-83470236
印 装 者:三河市人民印务有限公司
经　　销:全国新华书店
开　　本:185mm×260mm　　**印　张**:14.5　　**字　　数**:353千字
版　　次:2018年8月第1版　2024年9月第2版　　**印　　次**:2024年9月第1次印刷
印　　数:1～1500
定　　价:49.00元

产品编号:093881-01

前 言

为了更好地落实以学生为中心的教育理念，适应线上线下混合式的金课教育模式，在本书第 1 版的基础上，编者结合近年的教学改革成果进行了修订。本版保持了第 1 版的内容结构、上机实验指导与编程思维训练相结合的风格，增加了题目的算法分析和部分程序的注释，方便读者自主学习。

本版修订的内容主要有以下两部分。

(1) 根据教学中的反馈，编者在习题解析中为概念题增加了解析和运算过程说明，为程序阅读题增加了语句注释和解释，为编程题增加了自然语言形式的算法说明，这些新增内容有助于读者更好、更快地理解问题及 FORTRAN 语言的语法规则、具体算法和编程逻辑。

(2) 在原有模拟试题的基础上新增两套试题，题型包括程序改错、程序改写、程序阅读和程序编写等，题目贴近生活实际，注重考查读者对 FORTRAN 语言的综合应用能力。

本书由段志东、王红鹰任主编，陈权、靳文强、王丽娟为副主编，李玉龙任主审。

本书是与《FORTRAN 语言程序设计——FORTRAN95(第 2 版)微课视频版》相配套的实验指导教材，读者配套学习两本书可以取得更好的学习效果。

限于编者的能力和水平，书中难免存在不足之处，欢迎广大读者批评指正。

编　者

2024 年 6 月

第1版前言

FORTRAN 语言是国内外广泛使用的、适用于数值计算的计算机高级语言，我国大多数高等院校理工科专业都开设了“FORTRAN 程序设计”课程。本书是与《FORTRAN 语言程序设计——FORTRAN95》(ISBN 9787302483908)配套的实验教材，主要包括以下内容。

(1) FORTRAN95 集成开发环境。以可运行在 32 位 Windows 系统下的 Compaq Visual Fortran 6.5 和可运行在 64 位 Windows 平台下的 Intel Visual Fortran 2011 为例，介绍了 FORTRAN95 的集成开发环境。这一部分的内容是上机操作的基础。

(2) 上机实验指导。为了便于读者上机实践，本部分设计了 12 个实验。这些实验和课堂教学紧密配合，通过有针对性的上机实践，读者可以更熟练地掌握 FORTRAN95 程序设计的方法，并培养一定的应用开发能力。

(3) 模拟测试。该部分给出了 3 套模拟试题，并附有参考答案，供读者自测。

(4) 习题解析与模拟测试参考答案。根据教学反馈情况，为帮助读者进行课外练习，增加了这部分的内容。习题分为以下 3 类。

① 概念题。要求读者建立起有关的正确概念。

② 程序阅读题。要求读者阅读一个程序或一些语句、表达式，能正确分析它们的每一个步骤或每一个含义，得到正确结果。

③ 编程题。这是本书中比例最大的一类习题。学习程序设计的目的是编写程序，能否正确地编写出程序是衡量本课程是否学好的主要标志。

需要说明的是，在编程题的解答中，编者给出的只能说是参考答案，一个问题可以有多种解决方案，可以编写出不同的程序。本书给出的不一定是最佳答案，只是提供了一种解题的思路和方法。为便于阅读，程序采用了锯齿形格式来表示内嵌语句。对给出的所有程序，一律不做文字说明，也没加注释，这不仅是为了节省篇幅，更重要的是给读者留下思考的余地，读者可以从分析这些程序中得到收获，至少可以提高程序阅读的能力。

(5) 附录。本书提供了 3 个附录，给出了上机实验报告通用模板、ASCII 码字符编码一览表、FORTRAN 库函数。

本书由王红鹰、陈权主编,段志东参编。全书由李玉龙主审、定稿。

由于时间仓促及编者水平有限,书中难免有疏漏之处,欢迎读者提出宝贵意见,以便再版时修改。

编　者

2018 年 3 月

目 录

第1部分 FORTRAN95集成开发环境

第1章 Compaq Visual Fortran 6.5 编译环境 …… 3

1.1 Compaq Visual Fortran 6.5 的安装与启动 …… 4

1.1.1 Compaq Visual Fortran 6.5 的安装 …… 4

1.1.2 Compaq Visual Fortran 6.5 的启动 …… 7

1.1.3 Compaq Visual Fortran 6.5 用户界面 …… 8

1.2 Compaq Visual Fortran 6.5 上机过程 …… 13

1.2.1 前期工作 …… 13

1.2.2 上机过程 …… 14

第2章 Intel Visual Fortran 2011 编译环境 …… 27

2.1 Intel Visual Fortran 2011 的安装与启动 …… 28

2.1.1 Visual Studio 2010 的安装 …… 28

2.1.2 Intel Visual Fortran 2011 的安装 …… 29

2.1.3 Intel Visual Fortran 2011 的启动 …… 33

2.2 Intel Visual Fortran 2011 上机过程 …… 36

第3章 程序调试 …… 43

3.1 程序调试步骤 …… 44

3.2 错误类型和查错方法 …… 44

3.2.1 程序错误类型 …… 44

3.2.2 查错的实验方法 …… 46

3.2.3 错误修改原则 …… 47

3.3 调试工具 …… 47

3.3.1 CVF 6.5 的调试工具 …… 47

3.3.2 VS2010 的调试工具 …… 49

3.4 程序多区域显示 …… 54

第2部分　上机实验指导

实验1　熟悉FORTRAN95软件开发环境 …… 59
实验2　顺序结构程序设计 …… 65
实验3　选择结构程序设计 …… 69
实验4　循环结构程序设计 …… 72
实验5　数据有格式输入输出 …… 76
实验6　数组 …… 80
实验7　函数与子程序 …… 84
实验8　文件 …… 88
实验9　派生类型与结构体 …… 91
实验10　指针 …… 94
实验11　模块 …… 97
实验12　常用数值计算方法 …… 100

第3部分　模拟测试

模拟测试1 …… 105
模拟测试2 …… 112
模拟测试3 …… 119
模拟测试4 …… 126
模拟测试5 …… 128

第4部分　习题解析与模拟测试参考答案

习题1解析 …… 133
习题2解析 …… 138
习题3解析 …… 140
习题4解析 …… 142
习题5解析 …… 145
习题6解析 …… 147
习题7解析 …… 152
习题8解析 …… 154
习题9解析 …… 160
习题10解析 …… 171
习题11解析 …… 172

习题 12 解析 …… 180
习题 13 解析 …… 186
模拟测试 1 参考答案 …… 191
模拟测试 2 参考答案 …… 193
模拟测试 3 参考答案 …… 195
模拟测试 4 参考答案 …… 198
模拟测试 5 参考答案 …… 201

附录 A　实验报告模板 …… 205
附录 B　ASCII 码字符编码一览表 …… 207
附录 C　FORTRAN 库函数 …… 212

参考文献 …… 220

第1部分

FORTRAN95集成开发环境

FORTRAN95 程序开发需要相应的编译器。本书介绍 32 位 Windows 系统下的 Compaq Visual Fortran 6.5 和可用在 64 位 Windows 平台下的 Intel Visual Fortran (IVF) 2011。

第1章

Compaq Visual Fortran 6.5 编译环境

CHAPTER 1

在 Windows 操作系统下，微软公司开发的 Microsoft Fortran PowerStation 4.0 集成开发环境是非常成功的，用于 FORTRAN90 程序的开发。Fortran PowerStation 4.0 在 1997 年转让给 DEC 公司，推出 Digital Visual Fortran 5.0（DVF）。1998 年 1 月，DEC 公司被 Compaq 公司收购，Digital Visual Fortran 更名为 Compaq Visual Fortran（CVF），一个著名的版本是 Compaq Visual Fortran 6.5。Compaq 公司并入惠普公司之后，推出新版 Compaq Visual Fortran 6.6。2005 年 Compaq Visual Fortran 开发团队加盟 Intel 公司，惠普公司宣布其 Compaq Visual Fortran 6.6 的维护截止到 2005 年 12 月 31 日，IVF 9.0 将作为其新一代后继编译器。在使用 Compaq Visual Fortran 6.5/6.6 编写运行 FORTRAN 程序时，只需要安装 Compaq Visual Fortran 6.5/6.6 即可。这是因为在这个安装源程序中，Visual Fortran 已经被组合（集成）在 Microsoft Visual Studio（以下简称 VS）的集成开发环境（IDE）中了。VS 是目前最流行的 Windows 平台应用程序的集成开发环境，所以 Compaq Visual Fortran 可以直接安装使用。这与 Visual C/Visual C++ 类似，故用户看到的 Compaq Visual Fortran 程序编写界面与 Visual C/Visual C++基本是一致的。

1.1 Compaq Visual Fortran 6.5 的安装与启动

1.1.1 Compaq Visual Fortran 6.5 的安装

(1) 打开 Compaq Visual Fortran 6.5 安装应用程序包,运行安装程序(双击 setup.exe),屏幕出现安装起始界面,单击 Install Visual Fortran 按钮,如图 1.1 所示。安装向导会引导进行下面的安装。

图 1.1 安装向导欢迎界面

(2) 进入安装后,首先会弹出对话框,询问是否打开 README.TXT 文件,单击"否"按钮,如图 1.2 所示。

图 1.2 询问对话框

(3) 弹出欢迎对话框,单击 Next 按钮,如图 1.3 所示。

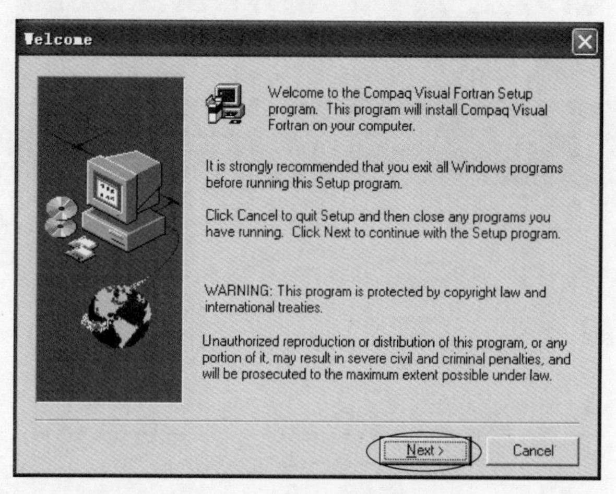

图 1.3　欢迎对话框

(4) 进入注册对话框,输入序列号后,单击 Next 按钮,如图 1.4 所示。在弹出的确认对话框中单击 Yes 按钮,确认注册信息。

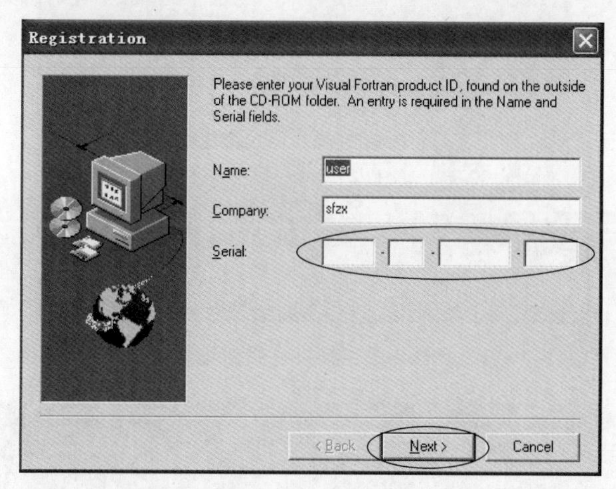

图 1.4　注册对话框

(5) 进入选择安装类型对话框,如图 1.5 所示。共有 3 种安装类型可选择。

• 典型安装(Typical)。

安装后将包含最常用的组件。对于大多数普通用户,推荐使用这一选择。

• 用户自定义安装(Custom)。

此选项针对对 Compaq Visual Fortran 6.5 比较熟悉的用户,如果知道需要哪些组件,可以选择此选项,由用户自己来定义需要的组件。

• 从光驱运行安装(Run From CD-ROM)。

安装后的编译和运行都需要光盘的支持。因为速度太慢,一般不选用这种方式。

(6) 进入选择文件夹对话框,如图 1.6 所示。一般不做修改,直接单击 Next 按钮。

(7) 安装向导根据前面的设置将文件复制到指定位置,开始安装,如图 1.7 所示。这期间会弹出一些对话框,一般都单击"否"按钮。

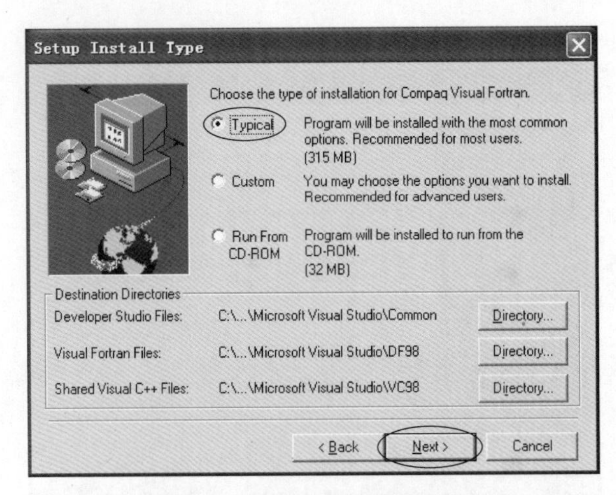

图 1.5　选择安装类型对话框

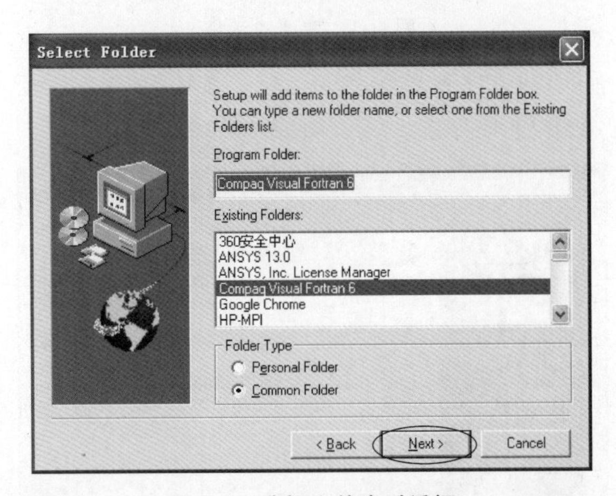

图 1.6　选择文件夹对话框

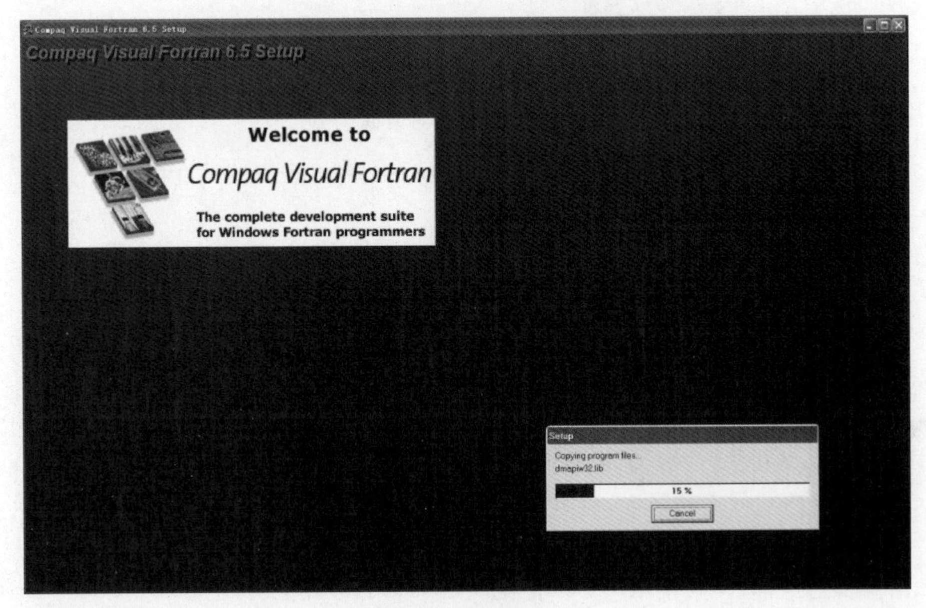

图 1.7　安装过程

(8) 安装完成后，出现安装完成对话框，取消选中“Yes，I want to view the ReadMe file now”复选框，单击 Finish 按钮，如图 1.8 所示。Compaq Visual Fortran 6.5 的安装就完成了。

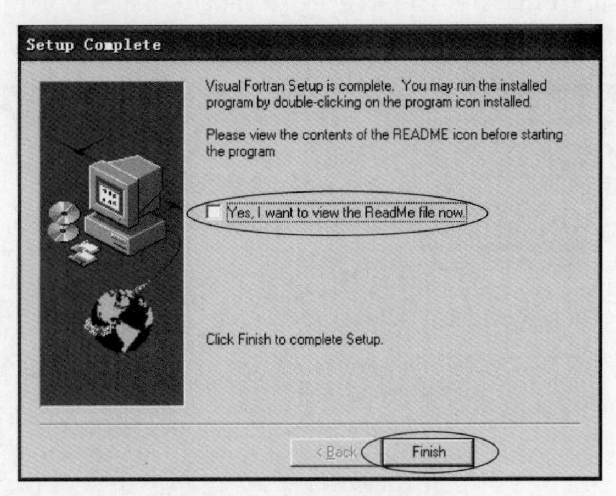

图 1.8　安装完成对话框

1.1.2　Compaq Visual Fortran 6.5 的启动

启动 Compaq Visual Fortran 6.5 应用程序的方法有以下几种。

(1) 双击桌面上 Microsoft Developer Studio 图标。

(2) 选择菜单“开始”|“所有程序”|Compaq Visual Fortran 6|Developer Studio，如图 1.9 所示。

(3) 选择菜单“开始”|“运行”，通过运行菜单项启动。

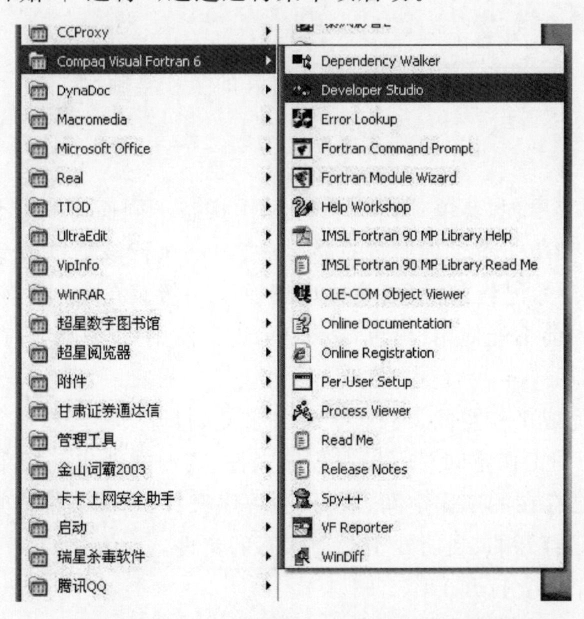

图 1.9　Compaq Visual Fortran 6.5 启动过程

1.1.3 Compaq Visual Fortran 6.5 用户界面

启动 Compaq Visual Fortran 6.5 后,进入 Compaq Visual Fortran 6.5 的工作窗口,如图 1.10 所示。工作窗口由 5 部分组成。

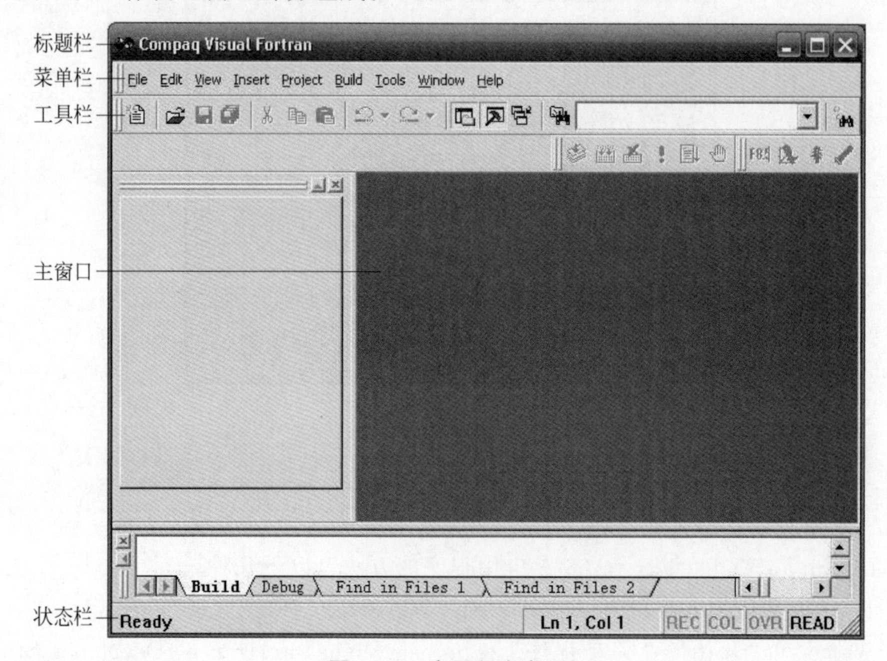

图 1.10 应用程序窗口

1. 标题栏

标题栏位于主窗口顶部,其左侧显示当前打开的工作空间名。

2. 菜单栏

菜单栏包括 9 个菜单项,菜单项内容会因操作状态不同而有所变化。按 Alt+菜单项首字母组合键可打开菜单。菜单项后带省略号…,表示执行该菜单项命令时将弹出相应对话框;菜单项后带三角标记▶,表示该菜单项还有下一级菜单(级联菜单);菜单项呈灰色显示,表示该菜单项目前不能使用(黑色显示表示正常使用);菜单项前带选中标记√,表示该项被选中正在起作用。

(1) File 菜单:完成工作空间、项目、文件的创建、打开、保存、打印等操作。

- New:创建新的工作空间、项目、源程序文件、资源文件或其他文档。
- Open:打开已存在的工作空间、项目、源程序文件、资源文件或其他文档。
- Close:关闭已打开的、当前处于活动状态的文件。
- Open Workspace:打开工作空间。
- Save Workspace:保存工作空间。
- Close Workspace:关闭工作空间。

- Save：按当前名称保存已打开且处于活动状态的源程序文件或其他文档。
- Save As：要求输入新名称保存已打开且处于活动状态的源程序文件或其他文档。
- Save All：按已有名称保存全部已打开的源程序文件或其他文档。
- Save Fortran Environment：保存 FORTRAN 环境参数。
- Page Setup：设置打印页面参数。
- Print：使用打印机打印源程序文件或其他可打印文档。
- Recent File：列出最近打开过的文档。
- Recent Workspace：列出最近打开过的工作空间。
- Exit：关闭并退出应用程序。

(2) Edit 菜单：完成编辑、修改、查询、定位文档等操作。

- Undo：撤销上一次操作。
- Redo：恢复撤销后的操作。
- Cut：将选取的内容剪切并送至剪贴板。
- Copy：将选取的内容复制并送至剪贴板。
- Paste：将剪贴板中的内容粘贴至光标所在位置。
- Delete：将选取的内容删除。
- Select All：选取当前文档的全部内容。
- Find：在文档中查询指定的字符串。
- Find in Files：查询含指定字符串的文件。
- Replace：在文档中查询并替换指定的字符串。
- Go To：跳转到文档指定的行、书签、定义点等。
- Bookmarks：在文档中添加、删除或跳转书签。
- Fortran Format Editor：编辑 FORTRAN 格式语句。
- Advanced：完成大小写字母转换以及空格标注、增量查询等操作。
- Breakpoints：设置执行断点位置。

(3) View 菜单：设置 Microsoft Developer Studio 窗口显示方式。

- Resource Symbols：浏览和编辑资源文件中的符号。
- Resource Includes：编辑资源文件名和预处理指令。
- Full Screen：全屏显示编辑窗口中的内容。
- Workspace：激活工作空间窗口。
- Output：激活输出信息窗口。
- Debug Windows：激活有关调试窗口(变量观察、内存、变量等)。
- Refresh：从产品供应商处获取更新信息的查询窗口。
- Properties：显示当前文件属性。

(4) Insert 菜单：在项目中添加或复制资源。

- Resource：在项目中添加或创建资源。
- Resource Copy：在项目中复制资源。
- File As Text：添加文本文件。

(5) Project 菜单：完成项目激活、添加、设置等操作。

- Set Active Project：激活工作空间中的项目。
- Add To Project：添加文件到项目中。
- Dependencies：设置项目间的相关性。
- Settings：设置项目参数。
- Export Makefile：生成.mak 文件。
- Insert Project To Workspace：添加项目到工作空间。

(6) Build 菜单：完成对程序的编译、构建、调试、配置等操作。

- Compile：编译源程序。
- Build：将项目连接、构建为可执行文件。
- ReBuild All：重新构建全部项目。
- Batch Build：一次构建多个项目。
- Clean：删除构建项目生成的中间文件和结果文件。
- Update All Dependencies：更新所选项目的相关性。
- Start Debug：启动调试器。
- Debugger Remote Connection：连接远程网络调试器。
- Execute：运行程序(可执行文件)。
- Set Active Configuration：选择项目进行配置。
- Configuration：添加或删除项目配置。
- Profile：设置全局选项、全局信息。

(7) Tools 菜单：提供若干实用功能。

- Source Browser：浏览程序原始信息(函数、数据、宏)。
- Close Source Browser File：关闭浏览信息文件(.bsc 文件)。
- Fortran Module Wizard：使用向导创建模块单元。
- Customize：定制工具按钮、工具栏、热键等对象。
- Option：设置项目环境参数。
- Macro：创建和编辑宏。

(8) Window 菜单：管理窗口，确定窗口布局。

- New Window：创建当前编辑窗口的副本窗口。
- Split：将当前编辑窗口进行分割。
- Docking View：设置停靠显示模式。
- Next：设置下一个窗口为当前窗口。
- Previous：设置上一个窗口为当前窗口。
- Cascade：按层叠方式排列窗口。
- Tile Horizontally：按水平方式排列窗口。
- Tile Vertically：按垂直方式排列窗口。

(9) Help 菜单：提供在线帮助信息及信息查询手段。

- Contents：显示在线帮助信息文档目录。
- Search：搜索单词，查找相关主题，显示在线帮助信息。
- Index：按关键字索引查询在线帮助信息。

3. 工具栏

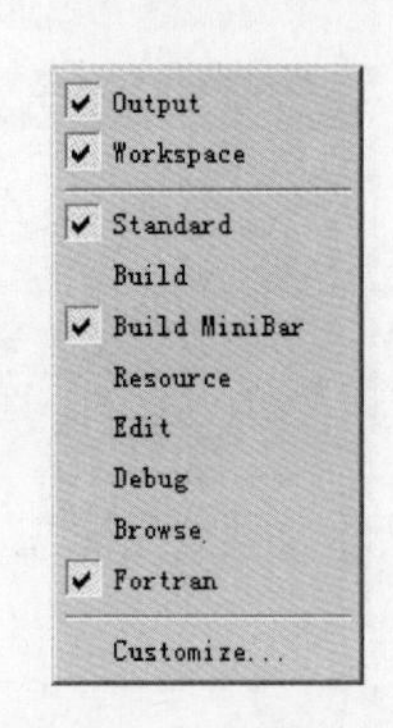

图 1.11　快捷菜单

工具栏提供了一些常用操作，包括 9 个预定义工具栏，每个工具栏都有相应名称。工具栏可显示或隐藏。默认显示 Standard、Build MiniBar 和 Fortran 工具栏。其他工具栏通过快捷菜单或定制对话框来显示或隐藏。在工具栏上右击，弹出快捷菜单，如图 1.11 所示，选择要显示或隐藏的工具栏，如果工具栏名称前有√，则显示该工具栏，否则隐藏该工具栏，单击工具栏名称可在显示与隐藏之间切换。选择菜单 Tools|Customize，弹出 Customize 对话框，选择 Toolbars 选项卡，如图 1.12 所示，也可以选择要显示或隐藏的工具栏。

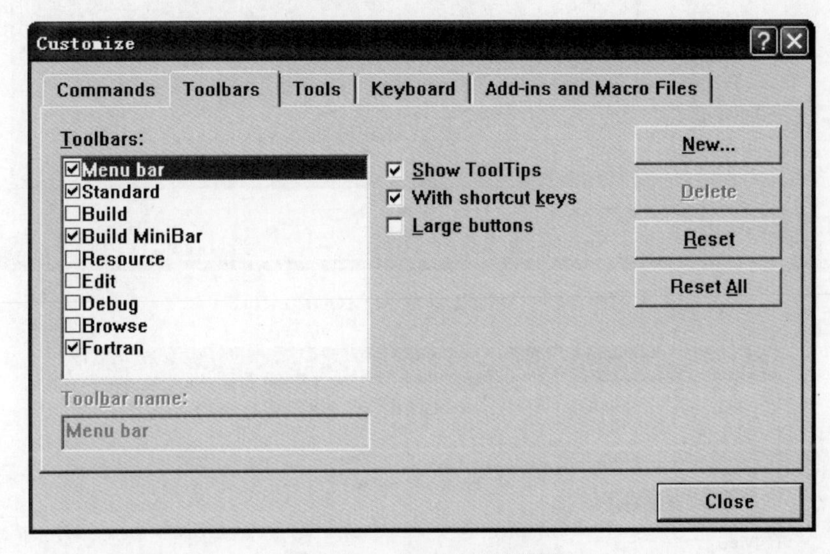

图 1.12　Customize 对话框

工具栏可停靠或悬浮，与菜单栏类似。工具栏可根据需要编辑其上的命令按钮（添加或删除），也可以创建新工具栏。打开 Customize 对话框，选择 Toolbars 选项卡，如图 1.12 所示，单击 New 按钮，弹出 New Toolbar 对话框，如图 1.13 所示。输入新工具栏名称，创建一个新的空白工具栏，并在 Toolbars 选项卡左侧工具栏列表中添加了一个新工具栏，处于显示状态，同时在文档窗口内显示该空白工具栏，如图 1.14 所示。在 Commands 选项卡中，打开 Category 列表框，选择命令类型，右侧会列出该类型的所有命令图标，如图 1.15 所示。选择命令图标，将其拖至某工具栏（预定义工具栏或用户自定义工具栏）上，为工具栏添加新命令按钮。

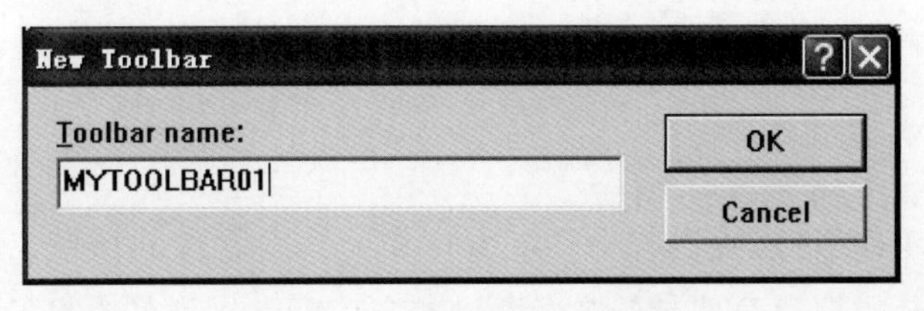

图 1.13　New Toolbar 对话框

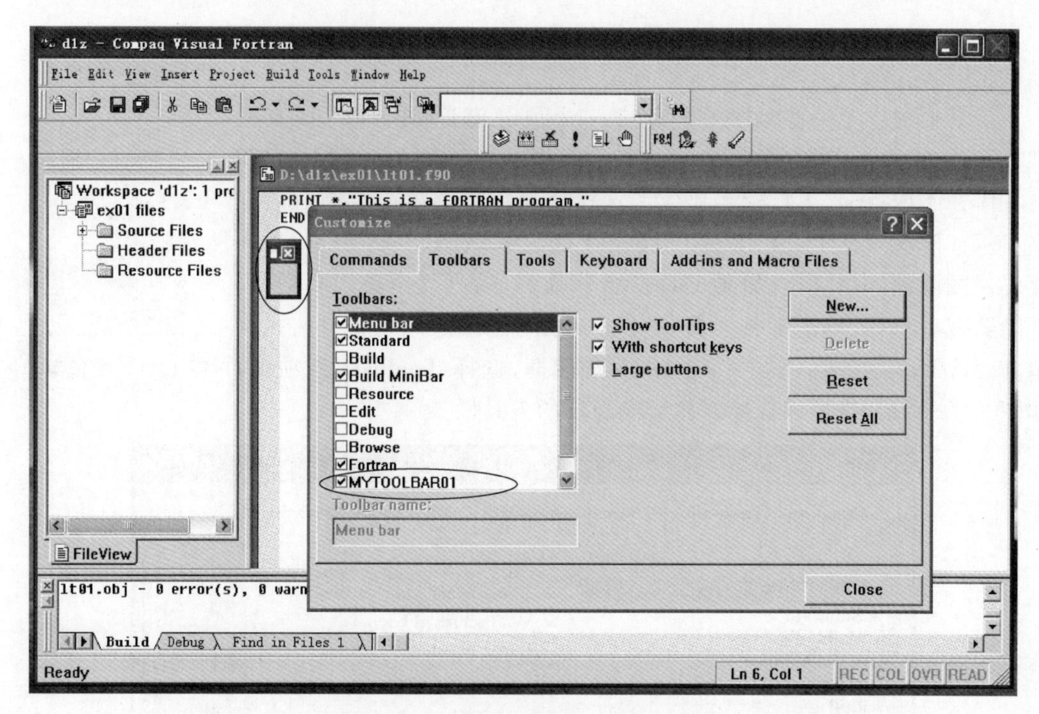

图 1.14　新建工具栏 MYTOOLBAR01

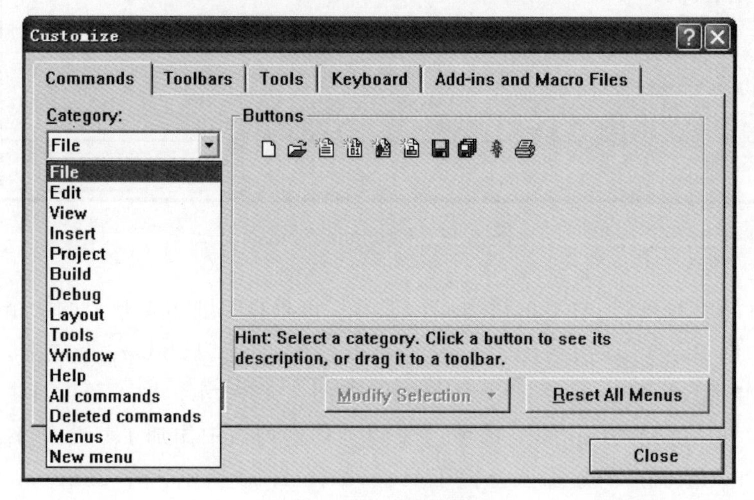

图 1.15　添加命令按钮

4. 状态栏

状态栏位于窗口底部,显示操作说明、行号、列号、时间等基本信息。

5. 主窗口

主窗口是主要工作区域,提供若干环境窗口作为开发软件的场所。环境窗口占据主窗口的大部分区域。环境窗口有两种:停靠窗口和文档窗口。菜单栏和工具栏是两种特殊的停靠窗口。停靠窗口具有停靠和浮动两种状态,如图 1.16 所示,图中工作空间窗口目前是停靠状态，固定不动，输出窗口(Output)是浮动状态，可随意拖动，可通过 View 菜单打开或激活窗口。在主窗口中工作空间窗口和输出窗口是两个常用停靠窗口，工作空间窗口类似一个简单的资源管理器，显示已打开的工作空间、项目和文件。在工作空间窗口中双击文件名可打开相应文档窗口，在文档窗口中完成输入、编辑、修改、查询等操作。文档窗口位于主窗口右侧区域，一般最大化显示，也可按层叠、水平和垂直平铺方式显示。

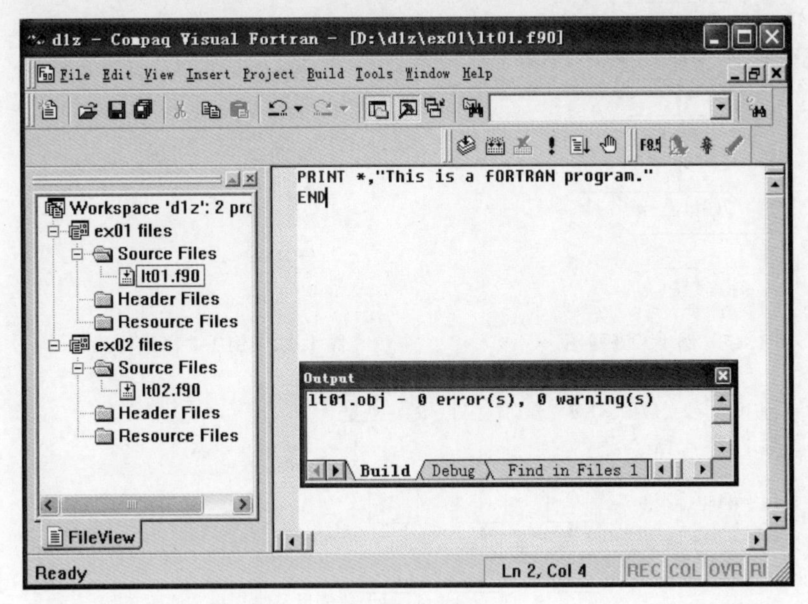

图 1.16　主窗口

1.2　Compaq Visual Fortran 6.5 上机过程

FORTRAN 程序上机运行一般要经过输入(编辑)源程序、编译源程序、连接生成可执行文件，以及调试运行程序 4 个步骤。本节通过实例简要说明程序设计解题过程。

【例 1-1】 输入 2 个整数，对其值进行交换，将交换后的结果显示到屏幕。

【例 1-2】 输入 3 个整数，对其进行由小到大的排序，将排序结果显示到屏幕。

1.2.1　前期工作

例 1-1 前期工作

(1) 分析：用变量 A 和 B 存放输入的两个整数，用临时变量 T 保存其中一个变量，如 A 的值，$T=A$，再通过 $A=B$ 和 $B=T$ 实现交换。

(2) 给出求解算法流程图，如图 1.17 所示。

(3) 根据算法给出程序代码，如图 1.18 所示。

例 1-2 前期工作

(1) 分析：用变量 A、B 和 C 存放输入的 3 个整数，采用简单交换法进行排序，如图 1.19 所示。不满足排序要求(满足比较条件)时，通过例 1-1 的方法交换数据，调整排序顺序。

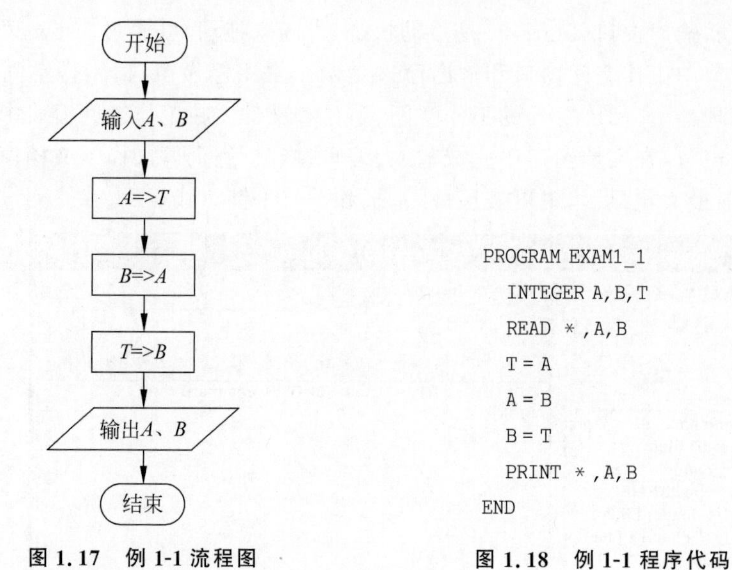

图 1.17　例 1-1 流程图

图 1.18　例 1-1 程序代码

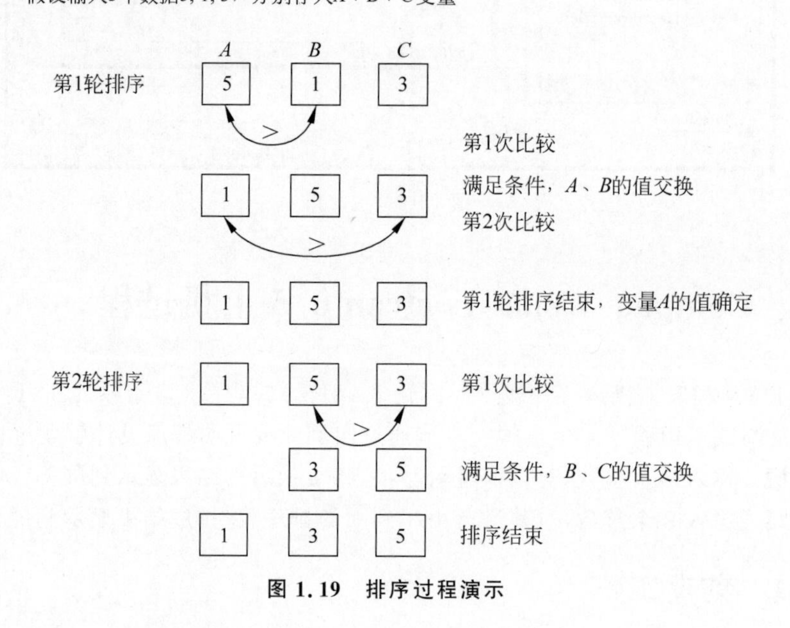

图 1.19　排序过程演示

(2) 给出求解算法流程图,如图 1.20 所示。

(3) 根据算法给出程序代码,如图 1.21 所示。

1.2.2　上机过程

1. 创建工作空间

第一次创建 FORTRAN 程序时,首先应在磁盘上建立一个工作空间,即创建一个文件夹,文件夹装有两个管理文件,通过工作空间来合理地组织管理项目和相关联文件。这里建立一个名为 d1z 的工作空间。

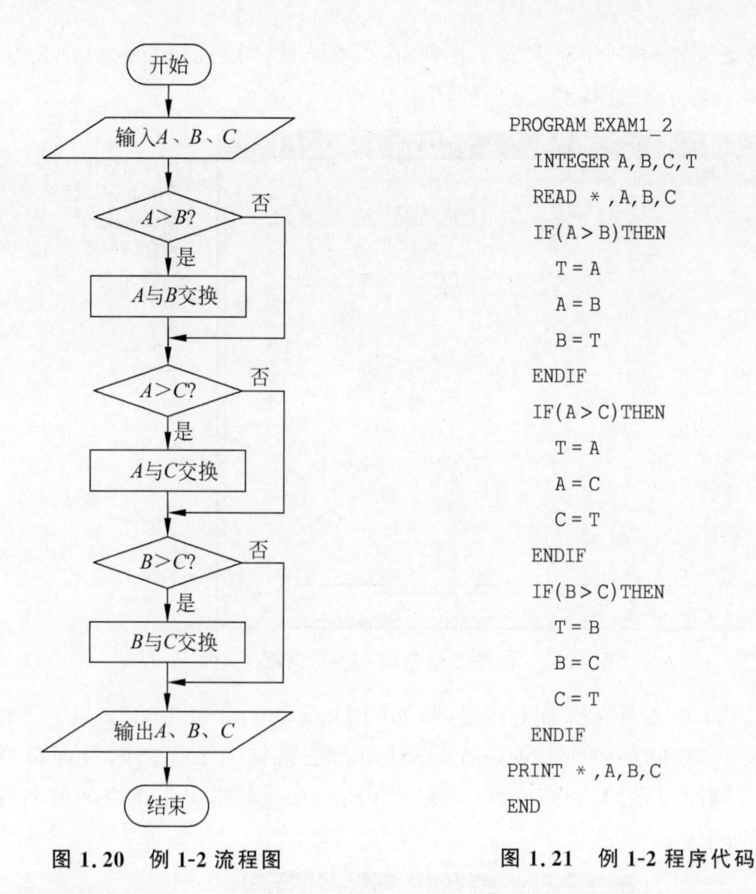


```
PROGRAM EXAM1_2
  INTEGER A,B,C,T
  READ *,A,B,C
  IF(A > B)THEN
    T = A
    A = B
    B = T
  ENDIF
  IF(A > C)THEN
    T = A
    A = C
    C = T
  ENDIF
  IF(B > C)THEN
    T = B
    B = C
    C = T
  ENDIF
PRINT *,A,B,C
END
```

图 1.20　例 1-2 流程图　　　图 1.21　例 1-2 程序代码

创建步骤如下。

① 选择菜单 File|New，如图 1.22 所示，弹出 New 对话框，选择 Workspaces 选项卡。

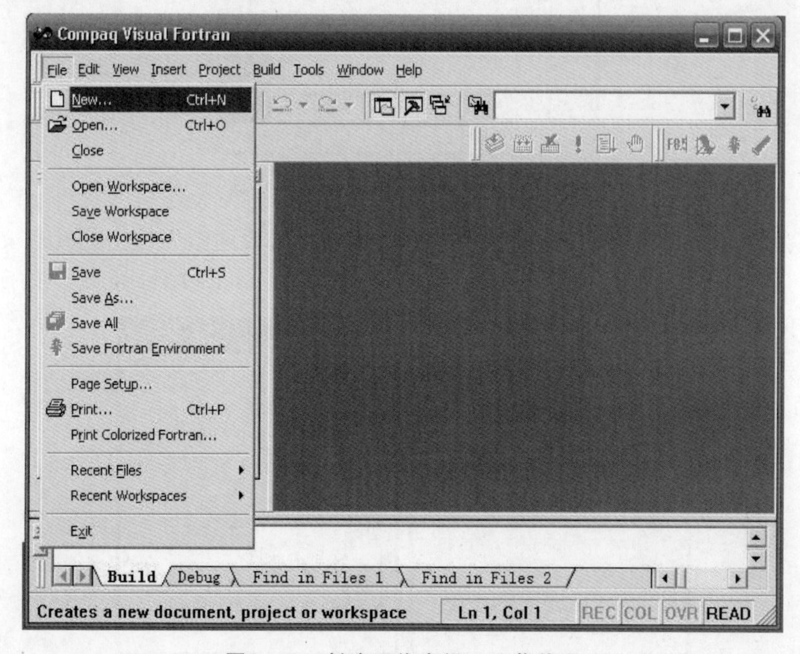

图 1.22　创建工作空间——菜单项

② 在名称和位置文本框中分别输入工作空间名和路径。路径可以通过单击位置文本框右侧按钮、打开浏览窗口来查找和定位,如图 1.23 所示。

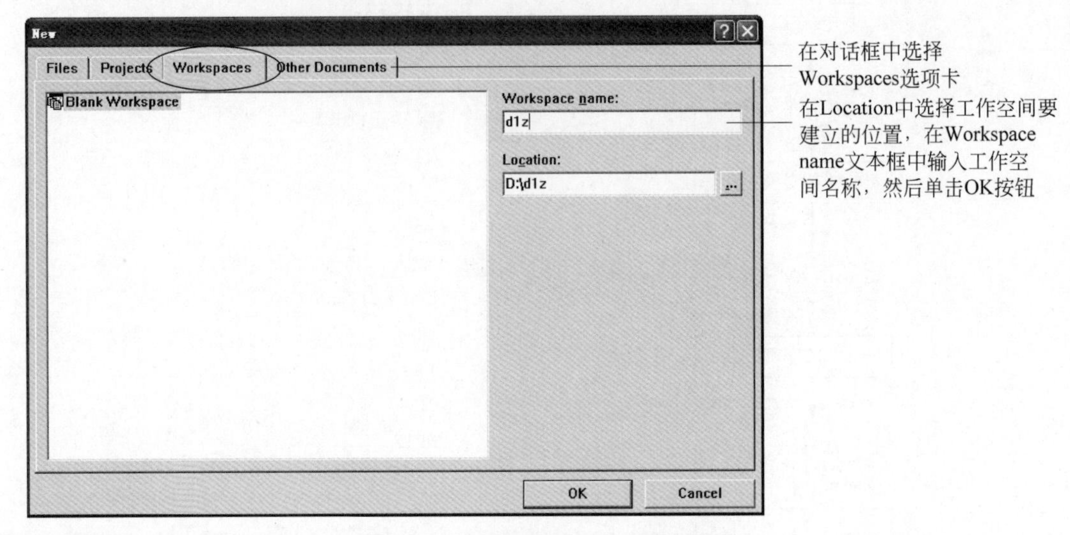

图 1.23 创建工作空间——对话框

③ 单击 OK 按钮,创建完成新的工作空间,回到 Developer Studio 主窗口。

建立完成新的工作空间后,会在 Developer Studio 主窗口的工作空间管理窗口建立新的选项卡 FileView,同时显示"Workspace 'd1z':0 project(s)",指出工作空间的名称和所含项目数,如图 1.24 所示。

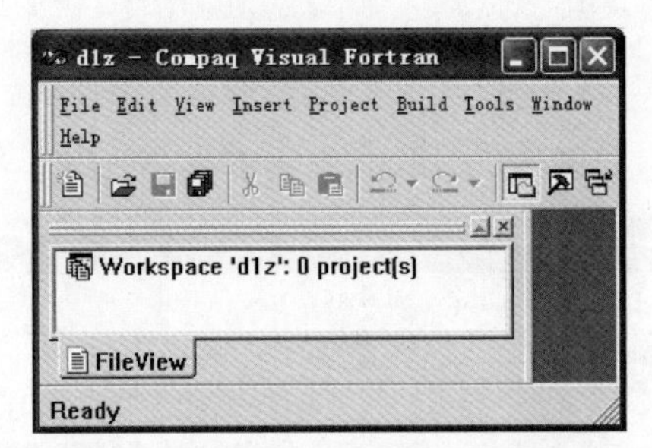

图 1.24 创建工作空间——成功后

这时会在 D 盘上创建一个新的文件夹 D:\d1z,并且生成两个工作空间管理文件 d1z. opt 和 d1z. dsw。以后要打开工作空间 d1z,也可以直接双击 d1z. dsw 文件,如图 1.25 所示。

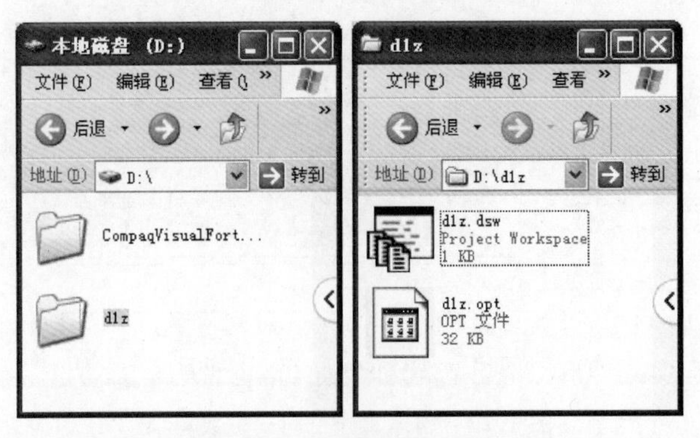

图 1.25 工作空间文件夹

2. 创建项目

开发工具通过项目(工程,Project)来管理源程序文件,并一起作为编译程序单位,因此,建立工作空间后,还要在其中建立自己的项目。针对例题,在工作空间中应分别创建两个项目 ex01 和 ex02。创建项目的同时会在工作空间文件夹(d1z)内生成两个新的子文件夹 ex01、ex02 以及有关项目管理文件。

创建步骤如下。

① 再次打开 New 对话框,选择 Projects 选项卡,选择应用程序类型为 Fortran Console Application,即控制台应用程序,指定运行平台,如图 1.26 所示。

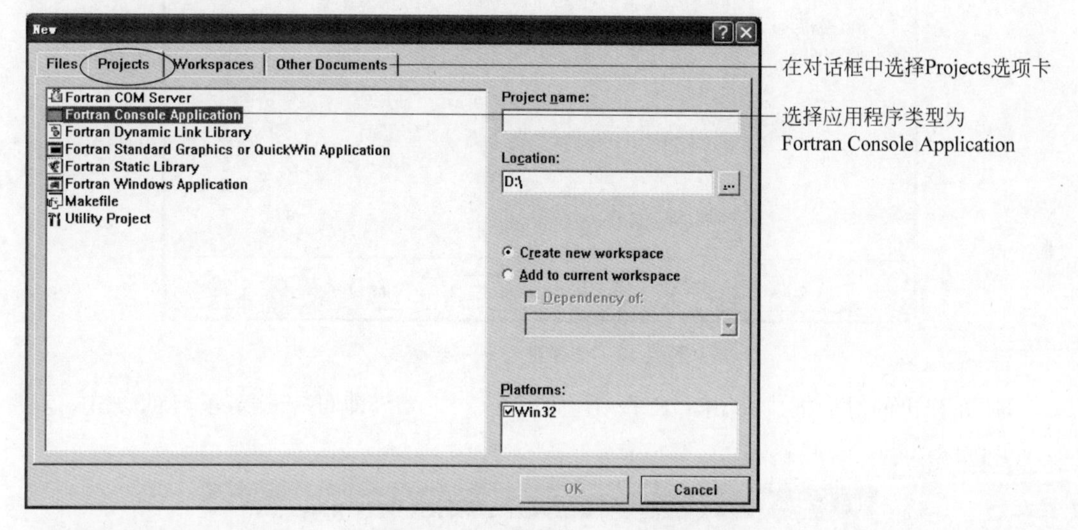

图 1.26　创建项目——步骤 1

② 在名称文本框中输入项目名称,选中 Add to current workspace 单选按钮,单击 OK 按钮,如图 1.27 所示。

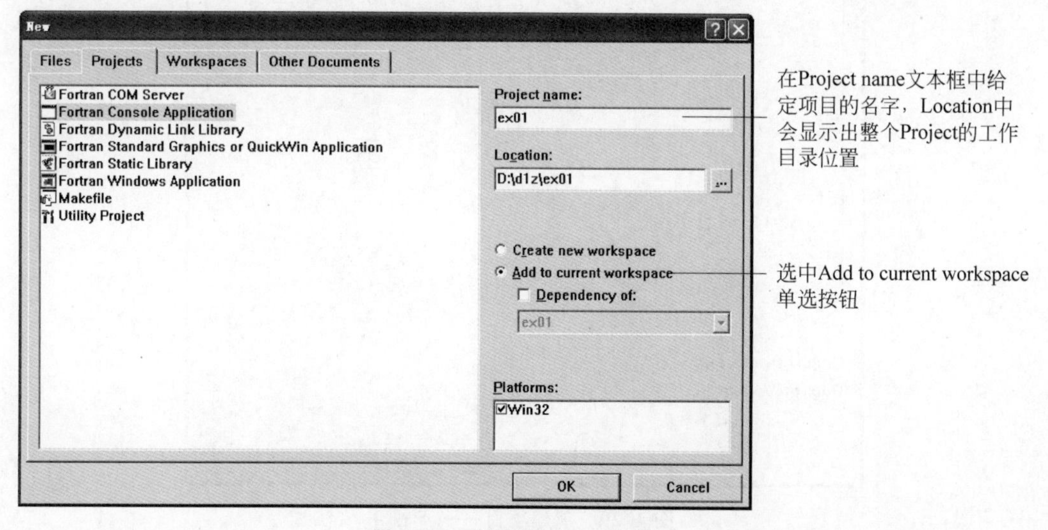

图 1.27　创建项目——步骤 2

③ 在弹出的对话框中选中 An empty project 单选按钮,单击 Finish 按钮,如图 1.28 所示。

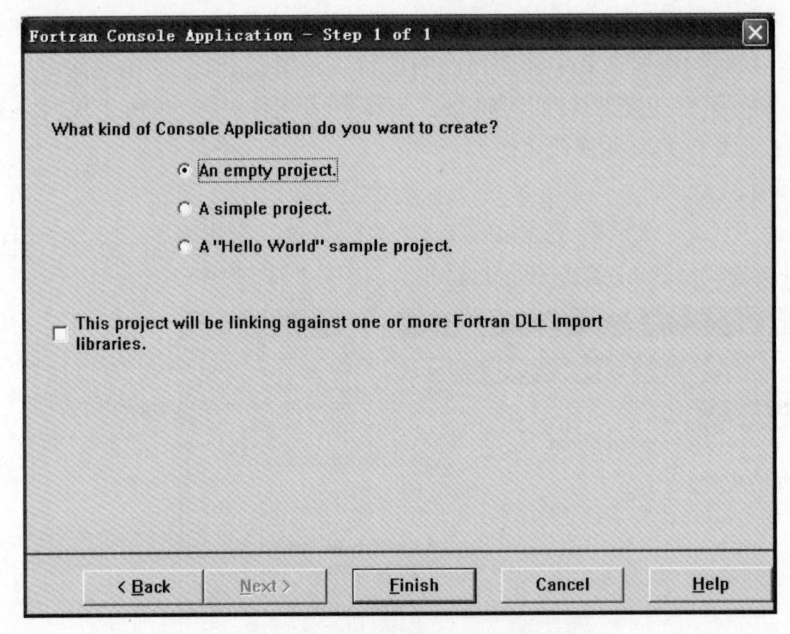

图 1.28 创建项目——步骤 3

④ 在弹出的对话框中单击 OK 按钮,如图 1.29 所示,即可完成新项目的创建,返回 Developer Studio 主窗口。

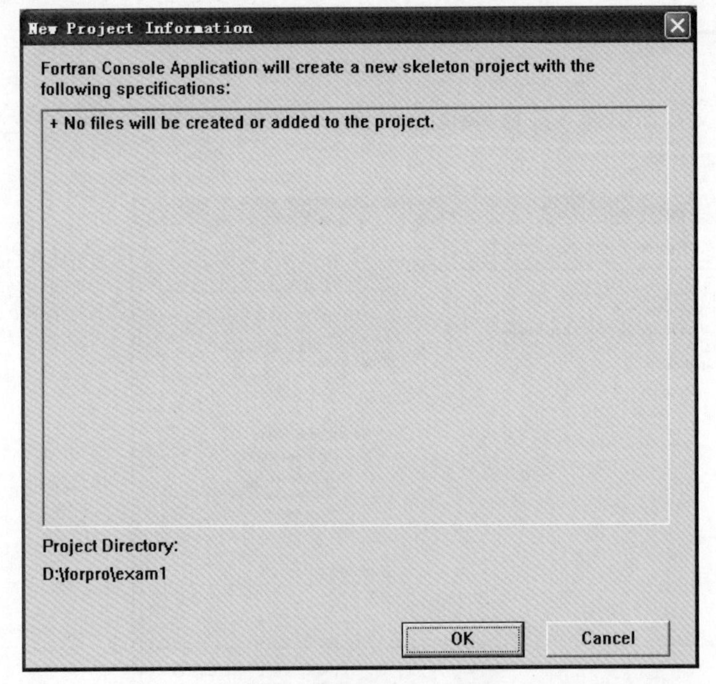

图 1.29 创建项目——步骤 4

Visual Fortran 6.5 以前的版本不会出现如图 1.28 所示的这个界面,而是直接跳过。

建议选择第一个选项 An empty project，然后直接单击 Finish 按钮。

如图 1.29 所示的对话框也只在新版本的 Visual Fortran 6.5 中才会出现，它显示项目创建后自动生成的文件，直接单击 OK 按钮就可以了。

建立完成新的项目后，会在 Developer Studio 主窗口的工作空间管理窗口内 FileView 选项卡中添加新建立的项目 ex01 files，同时显示工作空间中项目个数，如图 1.30 所示。建立完成后的应用程序主窗口中，目前还没有任何源程序。在工作空间文件夹 d1z 中自动生成项目文件夹 ex01，在 ex01 文件夹中生成项目管理文件 ex01.dsp，如图 1.31 所示。

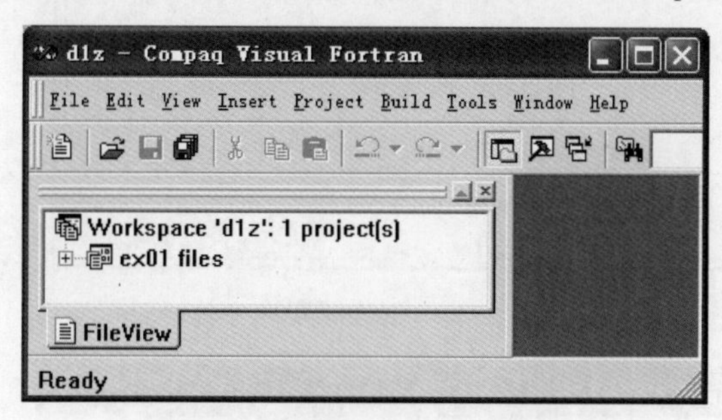

图 1.30　创建项目——成功后

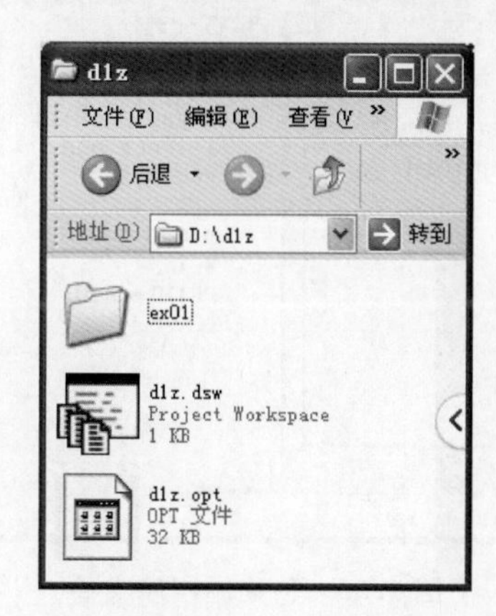

图 1.31　创建项目——生成相应的文件夹

3. 创建源程序文件

创建完成一个项目后，还没有源程序文件，因此要在项目中创建、编辑源程序文件。这里建立例 1-1 的源程序文件 lt01.f90。

创建步骤如下。

① 再次打开 New 对话框，选择 Files 选项卡，选择文件类型为 Fortran Free Format Source File，建立自由格式的 FORTRAN 源程序，如图 1.32 所示。

② 选中 Add to project 复选框，在 File 文本框中输入源程序文件名。

③ 单击 OK 按钮，创建完成新的源程序文件，回到 Developer Studio 主窗口。

建立完成源程序文件后，会在 FileView 选项卡中项目 ex01 下添加新建立的源程序文件 lt01.f90，同时会在右侧打开一个空白文档窗口，用户可以在文档窗口中输入（编辑）源程序，如图 1.33 所示。同时在文件夹 D:\d1z\ex01 下生成文件 lt01.f90，如图 1.34 所示。

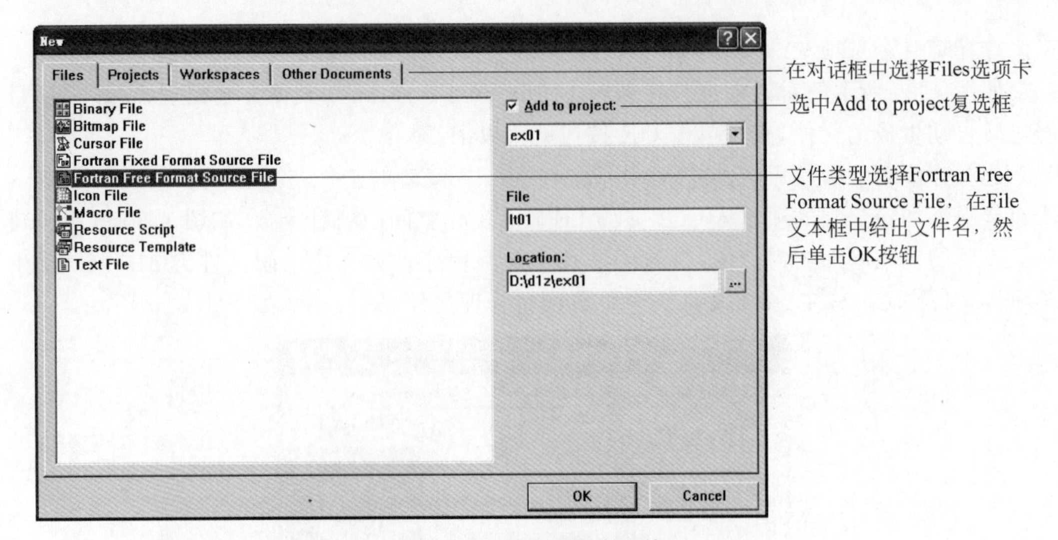

图 1.32 创建源程序文件

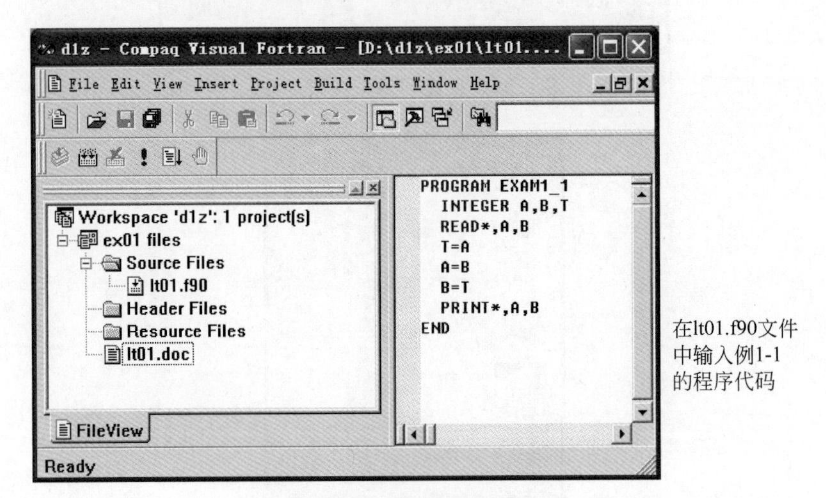

图 1.33 创建源程序文件

图 1.34 源程序文件夹窗口

4. 创建辅助文档文件

项目中除源程序文件外,有时还需要创建相关的资源文件或辅助文件,这些文件的创建可在 Microsoft Developer Studio 中直接运行有关软件来完成。针对例 1-1,可创建一个流程图文档 lt01.doc。创建步骤如下。

① 打开 New 对话框，选择 Other Documents 选项卡；

② 选择 Word 文档类型；

③ 选中 Add to project 复选框，在文本框中输入文件名；

④ 单击 OK 按钮，如图 1.35 所示。

这时在工作空间窗口 FileView 选项卡的 ex01 项目下，创建了一个辅助文档文件 lt01.doc。在右侧会打开一个 Word 空白文档窗口，可以在文档窗口中编辑、输入和绘制流程图，如图 1.36 所示。

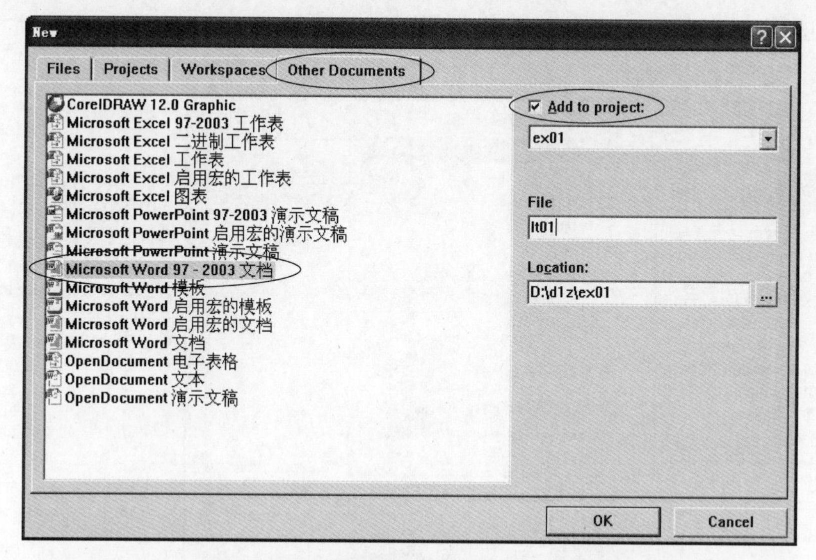

图 1.35　创建辅助文档文件——步骤 1

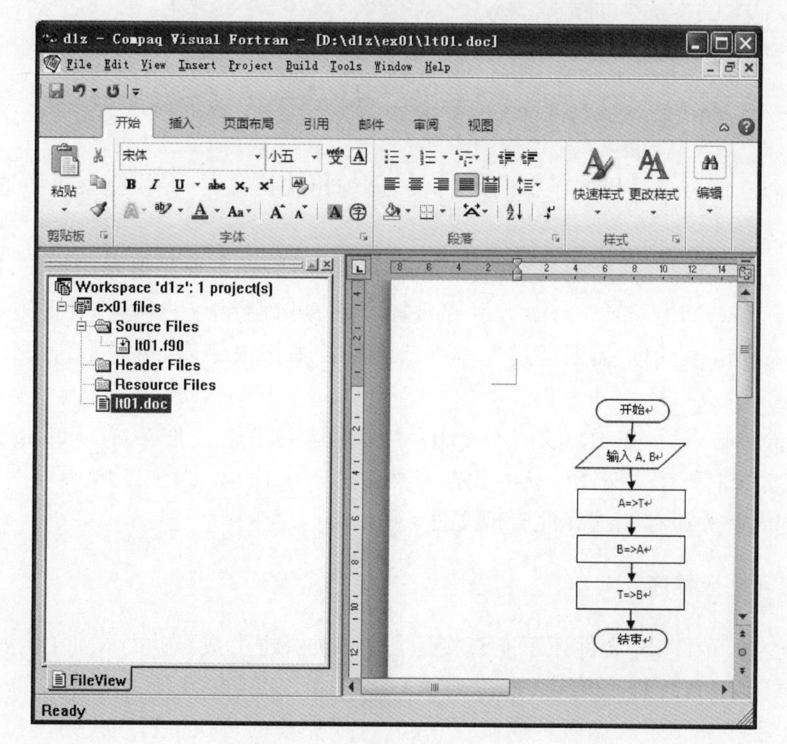

图 1.36　新建 lt01.doc 文档

5. 编译源程序文件

源程序输入(编辑)完成后,需要对源程序进行编译。在编译过程中检查、发现以及排除错误,编译通过后生成中间文件(扩展名为.obj,又称目标文件),以便连接和运行。

编译前可根据需要设定有关参数,这里不再讲解,一般采用默认设置。

对项目内源程序文件进行编译,可采用以下 4 种操作方式。

① 选择菜单 Build|Compile lt01.f90,执行编译,如图 1.37 所示。

② 单击 Build 工具栏中的编译按钮,执行编译,如图 1.37 所示。

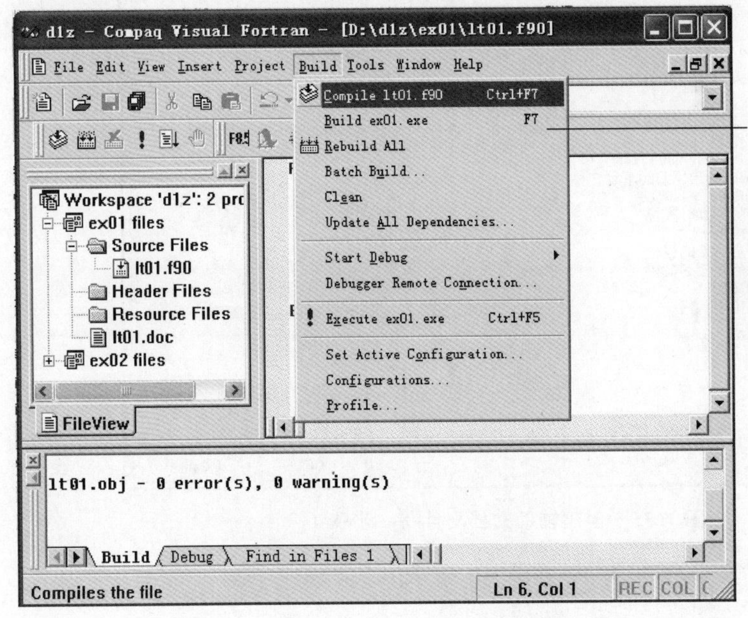

图 1.37　编译程序

③ 按 Ctrl+F7 组合键。

④ 在工作空间窗口选择 lt01.f90 文件,右击,弹出快捷菜单,在快捷菜单中选择 Compile lt01.f90,执行编译。

编译结束后,在下半部的输出窗口会显示编译结果信息。如果编译无错误,则显示信息"lt01.obj-0 error(s),0 warning(s)",生成目标文件,可进行下一步操作;否则显示错误提示信息。如果有错误,用户需要通过提示信息的帮助去修改错误,然后重新编译,直到编译通过(无错误)、生成目标文件为止。

编译无错误结束后,在项目文件夹 ex01 下会创建 Debug 文件夹,在 Debug 文件夹生成目标文件 lt01.obj 和有关编译信息的数据库文件 DF60.PDB,如图 1.38 所示。在项目文件夹 ex01 下生成有关源程序编译的管理文件 ex01.dsp 文件。

6. 构建可执行程序

编译产生的 lt01.obj 文件还不能直接运行,必须构建生成可执行文件(扩展名为.exe)才能在计算机上运行。程序构建(也称连接)是将 lt01.obj 文件与系统提供的有关环境参数、预定义子程序和预定义函数等连接在一起,生成完整的可执行程序代码。在构建过程中

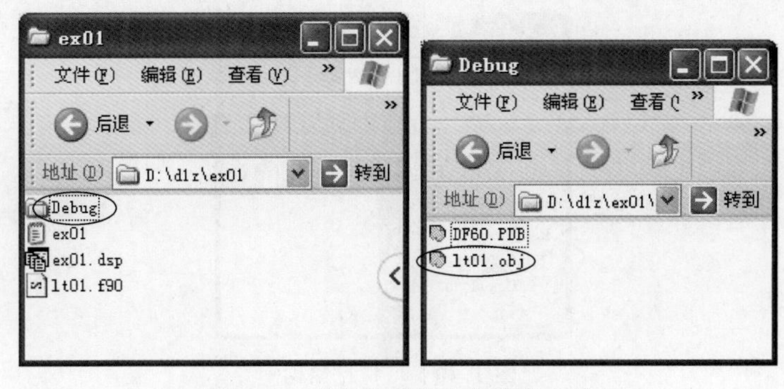

图 1.38　目标文件的文件夹和文件

也要检查、发现以及排除相关错误。

对 lt01.obj 文件进行构建,可以采用以下 4 种操作方式。

① 选择菜单 Build|Build ex01.exe,执行构建,如图 1.39 所示。

② 单击 Build 工具栏的构建按钮 ,执行构建,如图 1.39 所示。

③ 按 F7 键。

④ 在工作空间窗口选择 ex01 项目,右击,弹出快捷菜单,在快捷菜单中选择 Build (selection only)菜单项,执行构建。

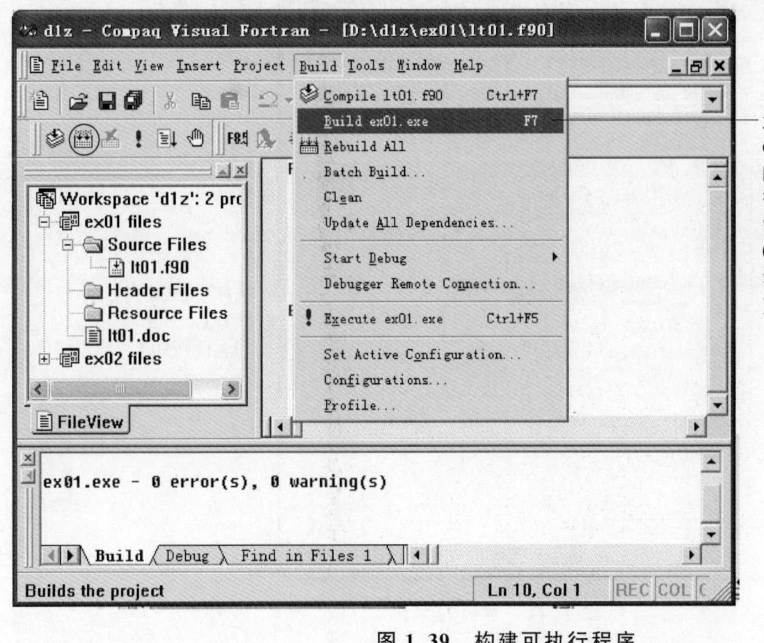

图 1.39　构建可执行程序

构建结束后,在输出窗口会显示构建结果信息。如果构建无错误,显示信息“ex01.exe-0 error(s),0 warning(s)”,生成可执行文件;否则显示错误提示信息。如果有错误,同样,用户需要通过提示信息的帮助去修改错误,然后重新编译、构建,直到构建通过(无错误)、生成可执行文件为止。正确构建完成后,在 Debug 文件夹下生成可执行文件 ex01.exe,如图 1.40 所示。

图 1.40　可执行文件

7. 运行程序

生成可执行文件(.exe 文件)后,就可以运行该程序,得到运行结果。

运行可执行程序的方式有很多种,一般采用以下 3 种方法,如图 1.41 所示。

① 选择菜单 Build|Execute ex01.exe,运行程序。

② 单击 Build 工具栏中的运行按钮 ! ,运行程序。

③ 按 Ctrl+F5 组合键。

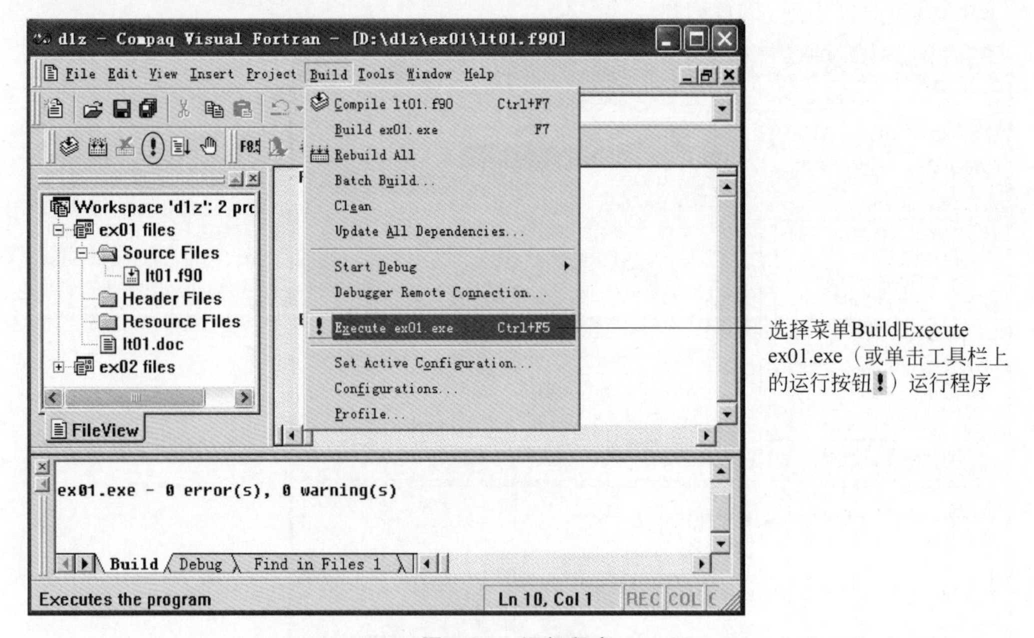

图 1.41　运行程序

执行后会看到程序运行结果,如图 1.42 所示。

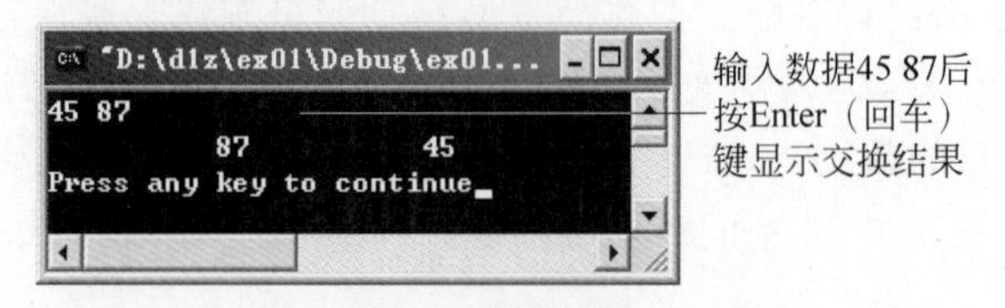

图 1.42　输入数据,显示运行结果

这时例1-1程序上机过程完成。如果继续编辑、编译、构建(连接)、运行例1-2程序,不用再创建工作空间,只需要重复以上操作步骤2～步骤7(除去步骤4),在已有dlz工作空间中建立ex02项目以及相关程序文件,如图1.43所示,并重复编译、连接、运行步骤即可。

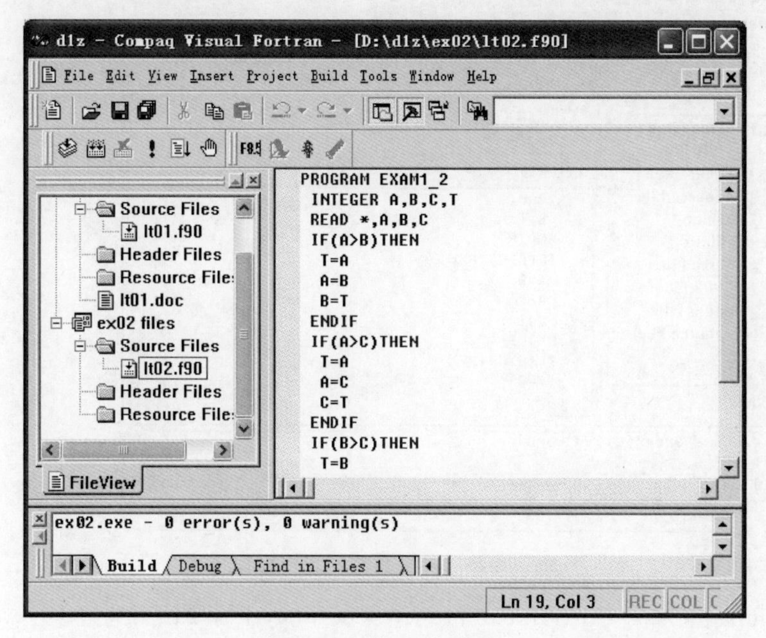

图1.43 例1-2源程序

以上介绍了开发FORTRAN程序的基本过程与步骤。从中可以看到,在CVF中,通过工作空间和项目来合理地组织文件,其功能类似Windows中的资源管理器。用户可根据所开发程序类型创建多个工作空间(类似文件夹),每一个工作空间根据要求可创建多个项目(类似子文件夹),每个项目内又可创建生成有关源程序文件、资源文件或其他相关文件。一个项目最简单的情况是只有一个源程序文件,如以上两个项目(ex01、ex02)。用户、工作空间、项目和文件的关系如图1.44所示。

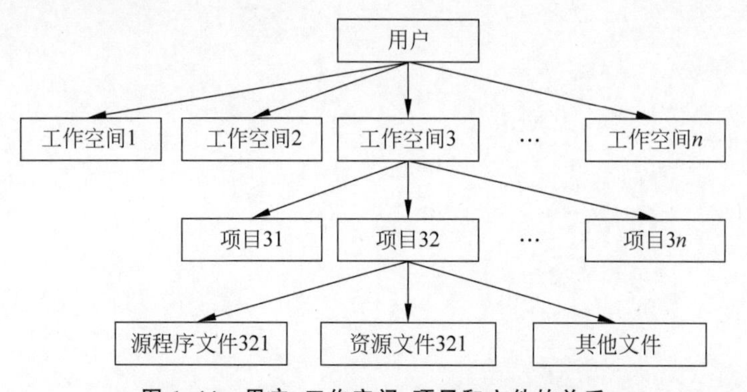

图1.44 用户、工作空间、项目和文件的关系

注意:在工作空间中所包含的多个项目里,只有一个是处于活动状态的项目,只有处于活动状态的项目才能创建或添加源程序,以及进行编译、构建(连接)、运行和调试操作。要想知道当前哪一个项目处于活动状态,可以通过Project菜单中的Set Active Project来查看并激活某一个项目。激活项目也可以通过选中在工作空间窗口中的待激活项目,右击,弹

出快捷菜单,在快捷菜单中选择 Set Active Project,如图 1.45 所示。

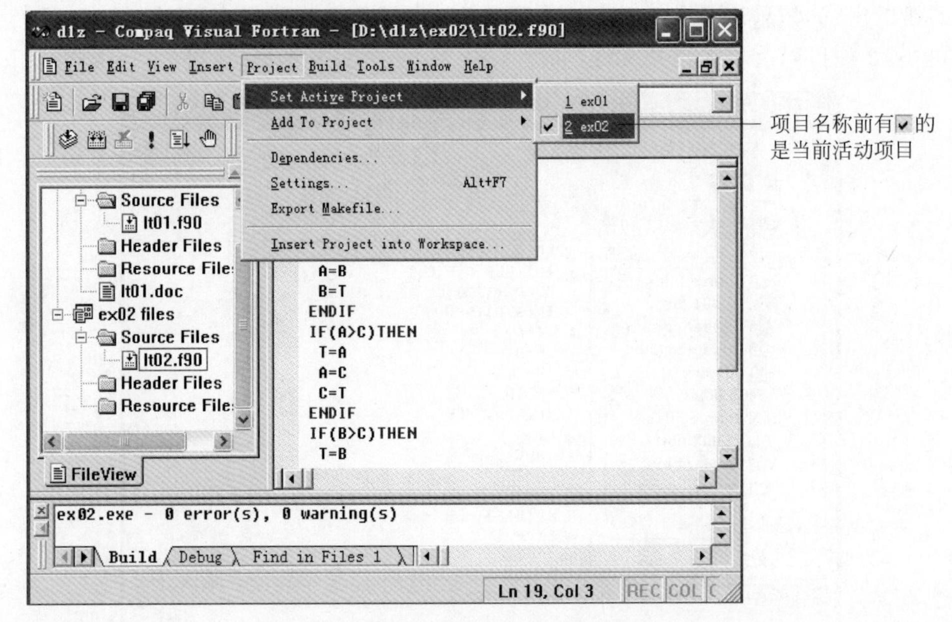

图 1.45 多项目空间工作窗口

对于 Compaq Visual Fortran 6.5 的编译调试环境,还需要读者通过多上机调试运行程序来熟悉与掌握。

第2章

Intel Visual Fortran 2011编译环境

CHAPTER 2

Intel(英特尔)公司开发的 FORTRAN 编译器是 Intel Visual Fortran(IVF)。IVF 是在 CVF 的基础上开发的 FORTRAN 编译器，它将 CVF 前端与英特尔处理器后端相结合，拥有 CVF 丰富的语言功能和英特尔处理器的代码生成及优化功能，使运行在英特尔平台上的程序性能得到大幅度提高。随着计算规模的增大，对计算内存要求必须采用 64 位的程序才能够满足要求，但 CVF 没有提供 64 位系统的编译平台，只能用于 32 位 Windows 系统中。另外，程序并行功能的实现在 IVF 上更强大，而 CVF 无法调用相应的并行函数库。这些优点使得从 CVF 转移到 IVF 已是势在必行。

采用 IVF 来编写运行 FORTRAN 程序稍微麻烦些，如本书中所介绍的 Intel Visual Fortran 2011 版本只是编译器，它需要放到集成开发环境中去才能使用。因此 IVF 编译器还需要 VS6.6 以上版本 IDE 的支持，所以必须事先安装好 VS 后，才能安装编译器。本书中先安装 VS2010，再安装 IVF 2011。

2.1　Intel Visual Fortran 2011 的安装与启动

2.1.1　Visual Studio 2010 的安装

硬件环境要求如表 2.1 所示。

表 2.1　安装 Visual Studio 2010 的硬件基本要求

硬　　件	硬件基本要求
处理器	最低要求：2.2GHz 或以上
内存	最低要求：1GB 或以上
硬盘空间	最低要求：40GB 以上，7200RPM 或更高
显示分辨率	推荐：1024×768 像素或更高的 32 位真彩

安装过程如下。

(1) 打开 VS2010 安装应用程序包，运行安装程序(双击 setup.exe)，屏幕出现安装起始界面，单击"安装 Microsoft Visual Studio 2010"按钮，如图 2.1 所示。安装向导会引导进行下面的安装。

图 2.1　安装 VS2010 起始界面

(2) 弹出安装向导对话框，如图 2.2 所示。安装程序加载安装组件需要几秒时间，完成后单击"下一步"按钮。

(3) 弹出"安装程序-起始页"对话框，如图 2.3 所示。选中"我已阅读并接受许可条款"单选按钮，单击"下一步"按钮。

(4) 弹出"安装程序-选项页"对话框，如图 2.4 所示。先选择需要安装的功能，如果不熟悉安装选项，推荐选择"完全"安装，即默认选项，占用空间较大；也可选择"自定义"安装，自行选择需要安装的组件。然后选择产品安装路径，单击"浏览"按钮，根据需要选择、修改

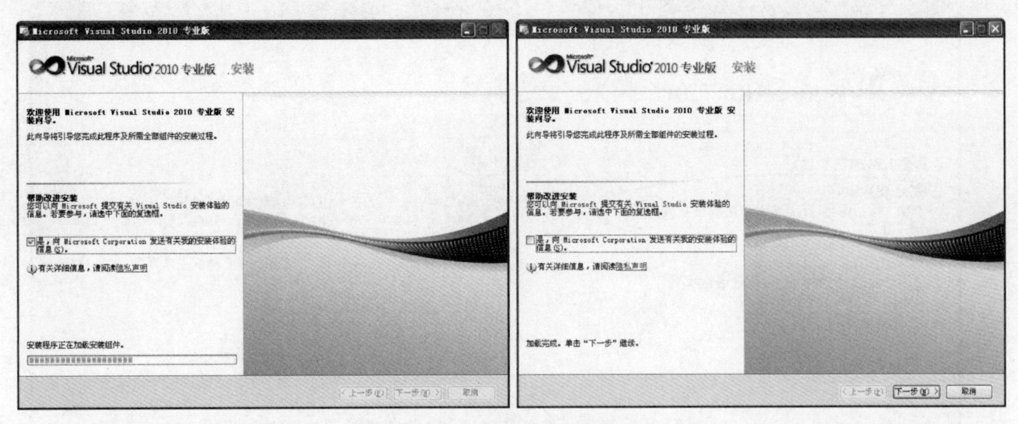

图 2.2　安装向导对话框

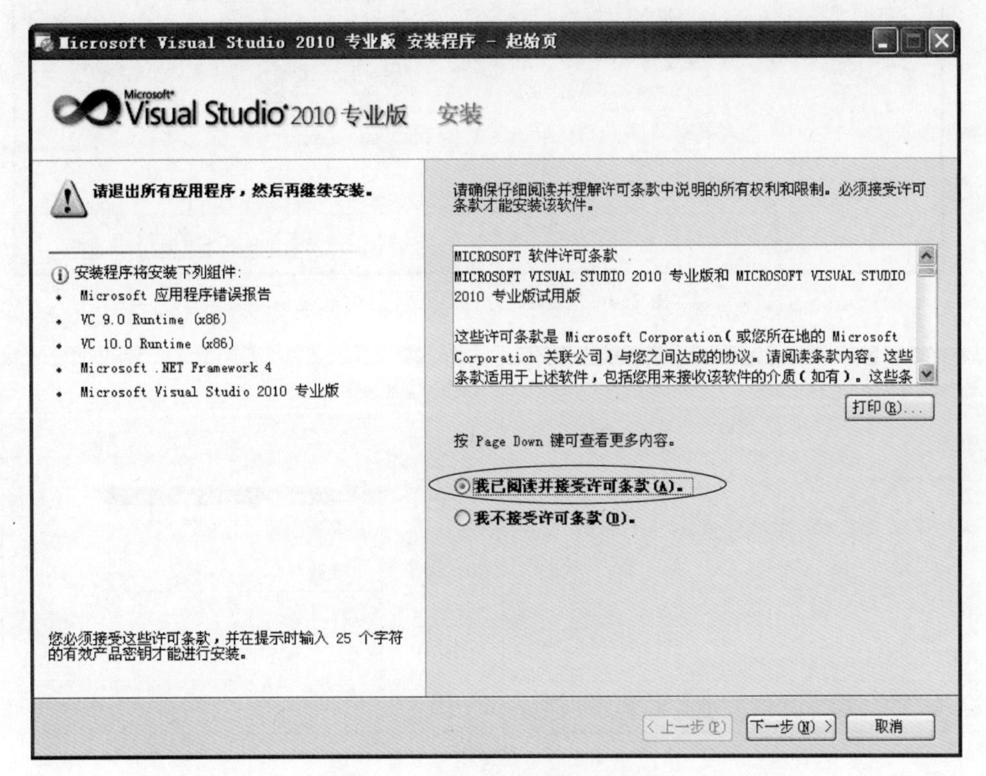

图 2.3　“安装程序-起始页”对话框

安装路径，这里显示的是默认安装路径。设置好安装选项后，单击“安装”按钮。

(5) 之后进入安装组件过程，如图 2.5 所示。这个过程基本不用任何操作，只是在安装完 Microsoft .NET Framework 4 后会要求重启，重启后继续安装。

VS2010 安装时间较长，具体根据机器的配置而不同。安装完成时，弹出“安装程序-完成页”对话框，如图 2.6 所示。直接单击“完成”按钮，完成安装过程。

2.1.2　Intel Visual Fortran 2011 的安装

安装完 VS2010 后，再安装 IVF 2011 编译器。

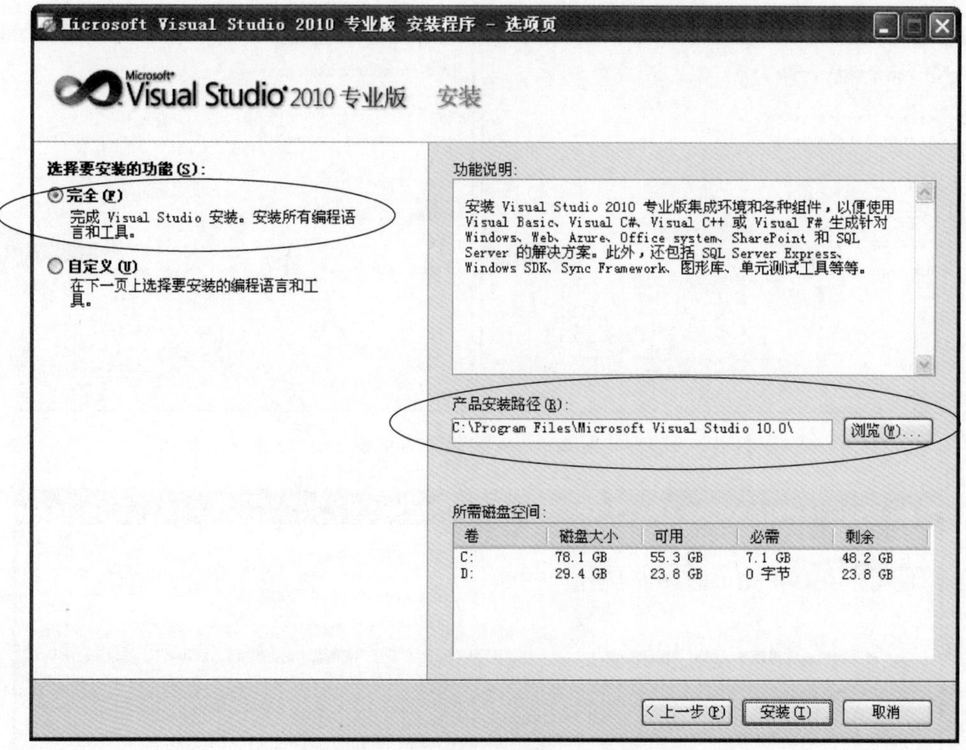

图 2.4 “安装程序-选项页”对话框

图 2.5 安装组件过程

(1) 打开 IVF 2011 安装应用程序包，运行安装程序(双击 setup.exe)，屏幕出现复制文件界面，几秒后出现安装向导，如图 2.7 所示。安装向导会引导进行下面的安装。

(2) 进入 License 说明界面，如图 2.8 所示。选中 I accept the terms of the license 单选按钮，单击“下一步”按钮。

(3) 进入激活界面，包括 3 个选择：第 1 个选项，已有序列号，直接输入、激活并安装；第 2 个选项，没有序列号，先评估试用，以后再注册；第 3 个选项，选择激活。这里选第 3 个选项，如图 2.9 所示，单击“下一步”按钮。

有以下 3 种激活方式：

- Use remote activation：通过远程激活；

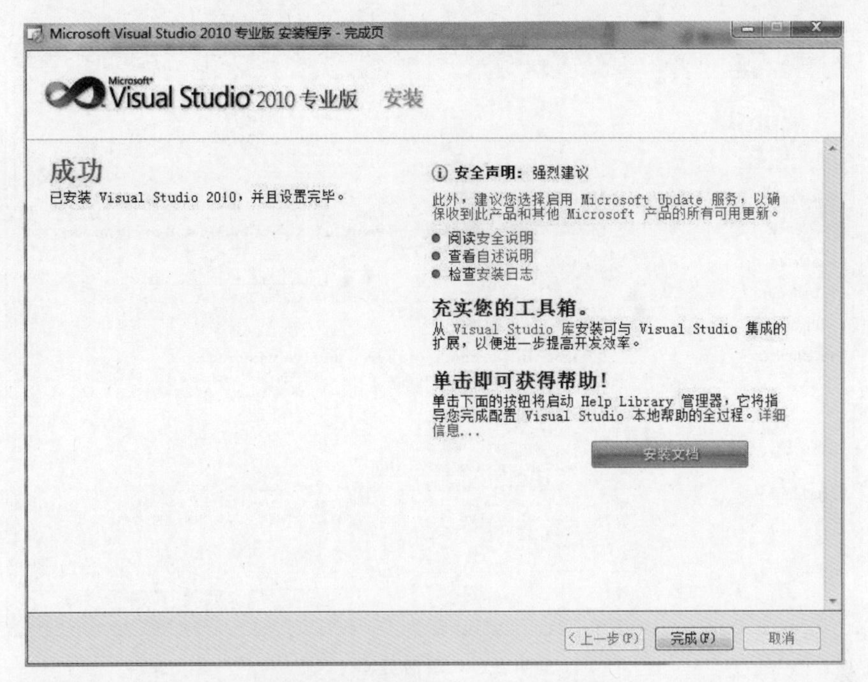

图 2.6　“安装程序-完成页”对话框

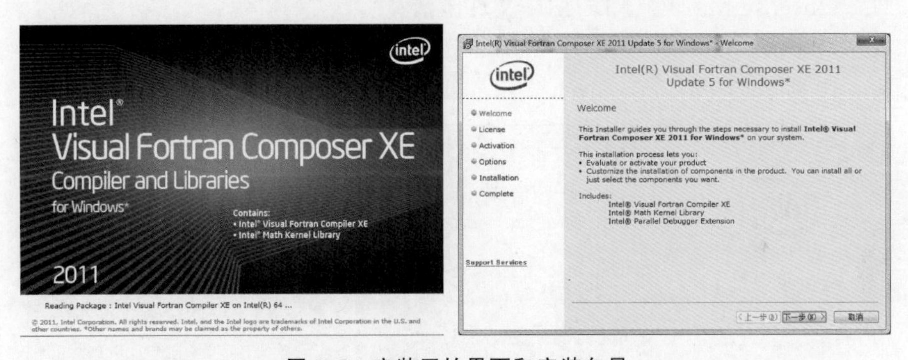

图 2.7　安装开始界面和安装向导

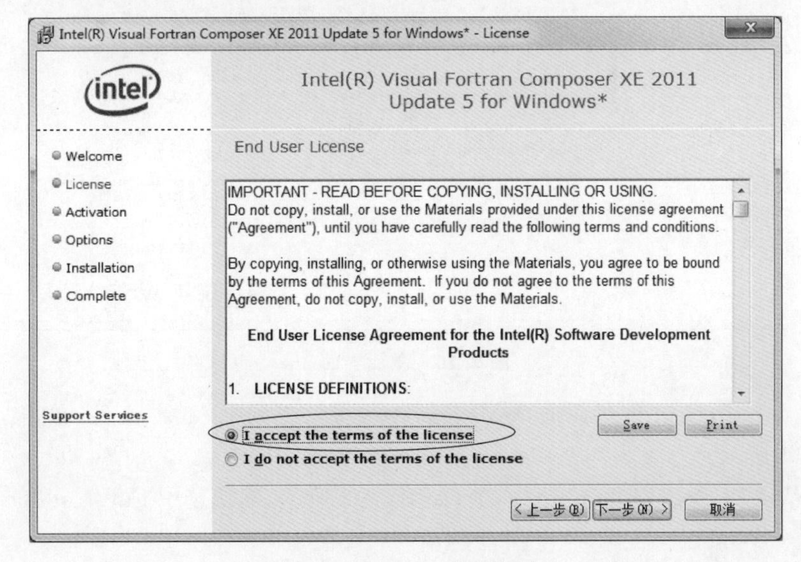

图 2.8　License 说明界面

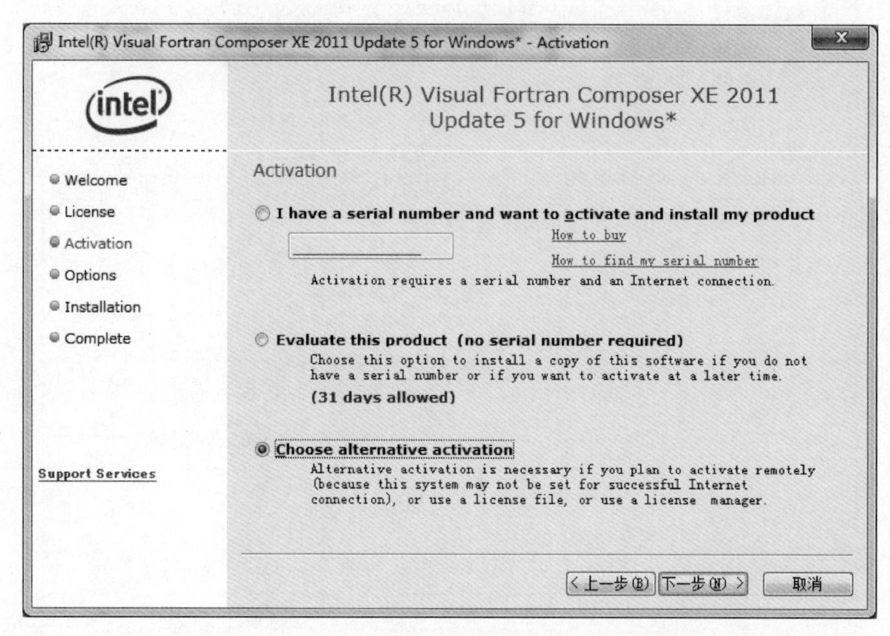

图 2.9 激活界面 1

• Use a license file：通过 License 文件激活；

• Use a license manager：通过 License 管理器激活。

如图 2.10 所示，选择 Use a license file，单击“下一步”按钮。

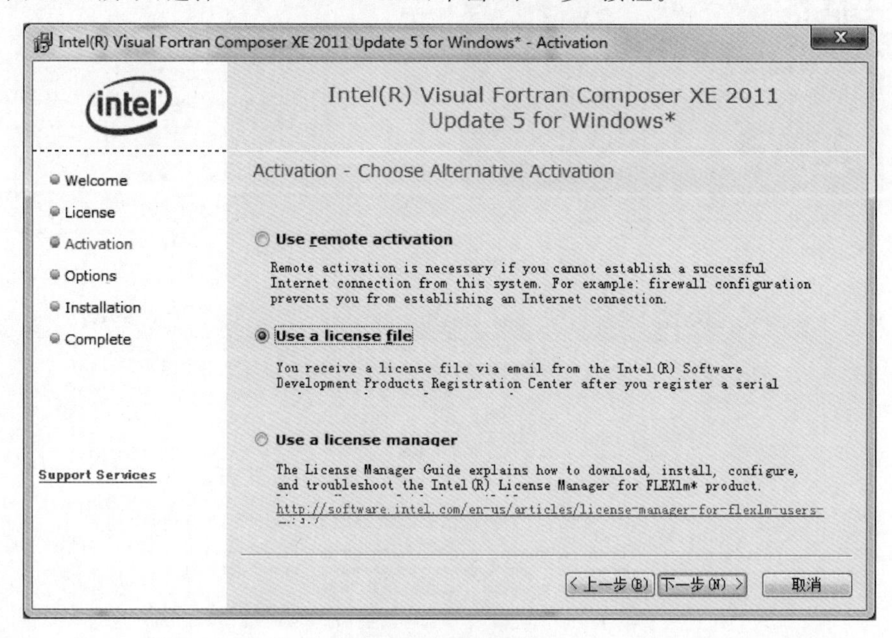

图 2.10 激活界面 2

弹出输入 License 文件对话框，单击 Browse 按钮，找到 License 文件，单击“下一步”按钮，如图 2.11 所示。

(4) 激活成功，弹出安装选项对话框，如图 2.12 所示，默认选中 Full installation 单选按钮，单击“下一步”按钮。

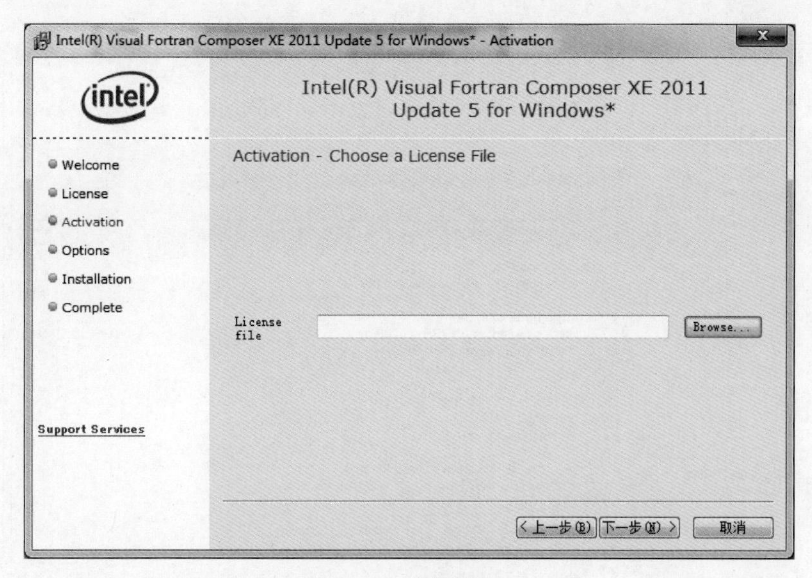

图 2.11　激活界面 3

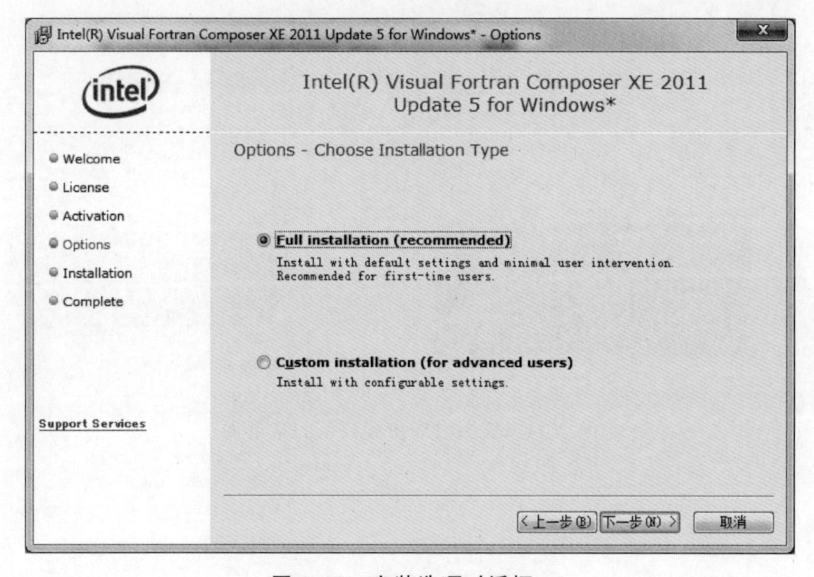

图 2.12　安装选项对话框 1

在弹出的对话框中单击 Install 按钮，如图 2.13 所示。

(5) 开始安装，需要等待几分钟，具体时间取决于机器的配置。安装完成时，弹出安装完成界面，如图 2.14 所示。直接单击“完成”按钮，完成安装过程。

2.1.3　Intel Visual Fortran 2011 的启动

启动 Intel Visual Fortran 2011 的方法一般有以下两种。

① 选择菜单“开始”|Intel Parallel Studio XE 2011| Parallel Studio XE 2011 with VS2010，如图 2.15 所示。

② 选择菜单“开始”|Microsoft Visual Studio 2010| Microsoft Visual Studio 2010，如图 2.16 所示。

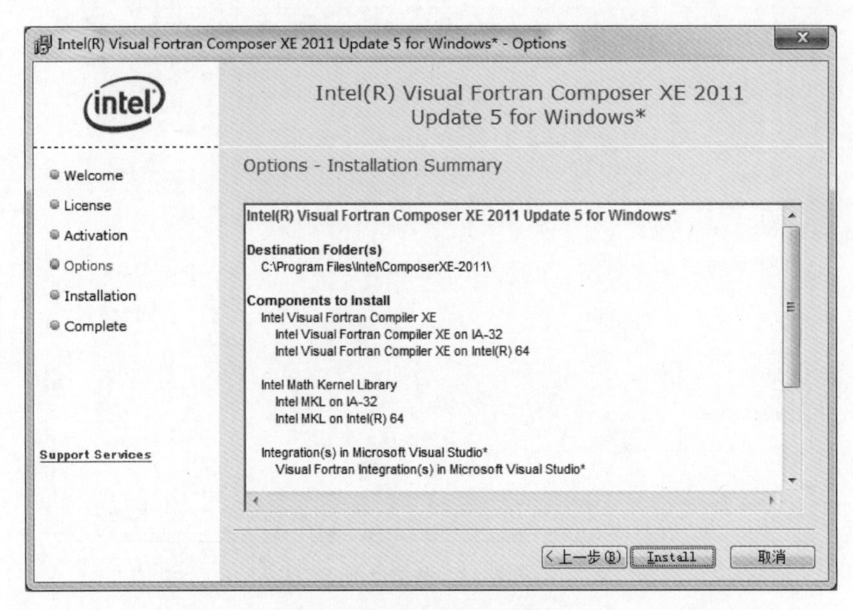

图 2.13　安装选项对话框 2

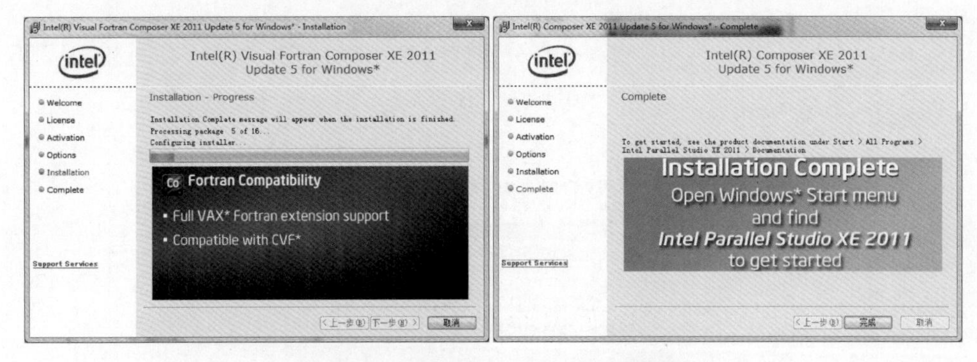

图 2.14　安装进行中和安装完成界面

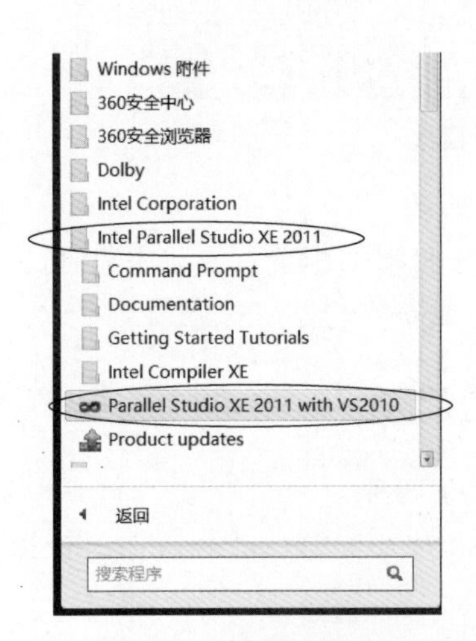

图 2.15　启动方法 1

图 2.16　启动方法 2

第一次启动 VS2010，会弹出“选择默认环境设置”对话框，进行初始环境设置，如图 2.17 所示。编写 FORTRAN 程序，可以选择“Visual C++开发设置”或“常规开发设置”（推荐），单击“启动 Visual Studio”按钮。

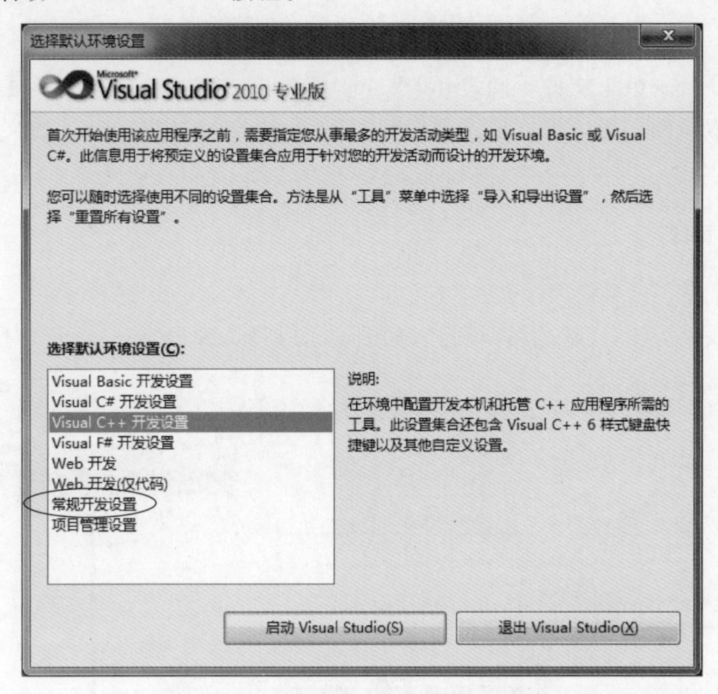

图 2.17　“选择默认环境设置”对话框

Microsoft Visual Studio 加载用户设置可能需要几分钟。加载完成后，进入应用程序起始界面，如图 2.18 所示。

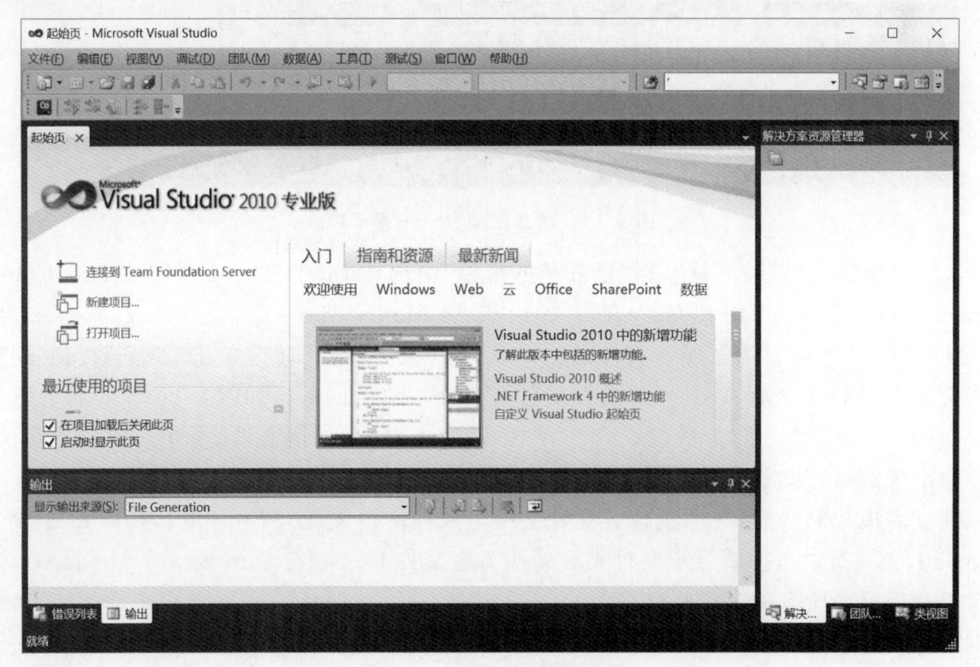

图 2.18　应用程序起始界面

2.2 Intel Visual Fortran 2011 上机过程

仍以例 1-1 和例 1-2 为例,介绍 Intel Visual Fortran 2011 的上机步骤。和在 CVF 中通过工作空间和项目来组织文件不同,Intel Visual Fortran 2011 在 VS 中是通过建立控制台(项目)来运行程序的。为了更好地管理控制台项目,用户可以建立自己的文件夹来管理组织相关文件。

1. 建立控制台

创建步骤如下:

① 选择菜单“文件”|“新建”|“项目”,如图 2.19 所示,弹出“新建项目”对话框。

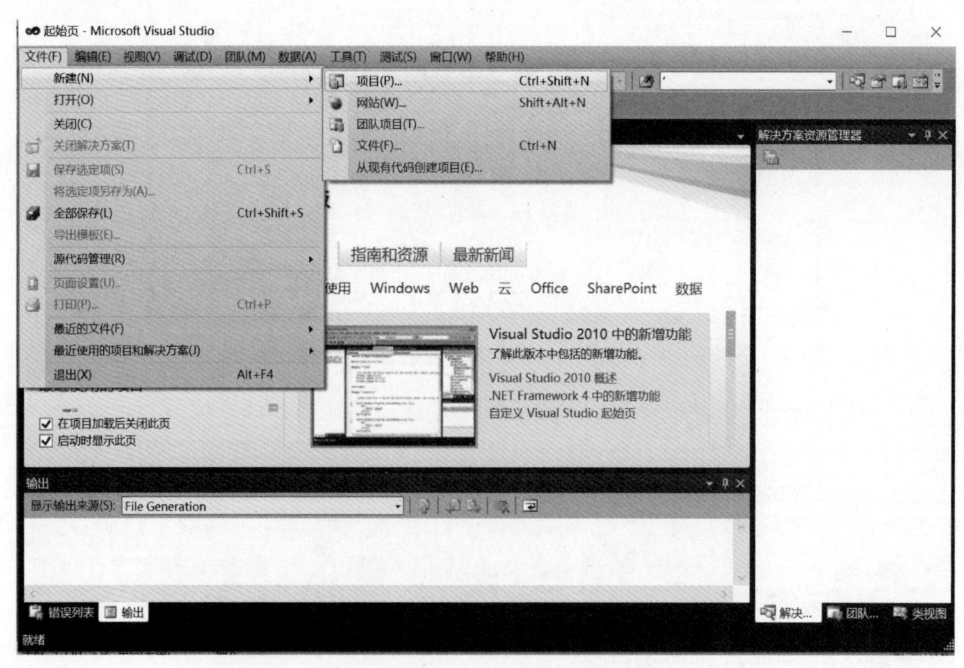

图 2.19 建立控制台——菜单项

② 在“新建项目”对话框左栏“已安装的模板”中选择 Intel(R) Visual Fortran|Console Application(控制台应用程序),在其右栏选择 Empty Project,“名称”文本框中显示 Console1(控制台 1)。为了便于文件的组织管理,这里“位置”通过单击“浏览”按钮来选择自定义文件夹 D:\profor\d2z,“解决方案名称”默认为 Console1,如图 2.20 所示。

③ 单击“确定”按钮,完成控制台的建立,回到主界面,如图 2.21 所示。此时主界面的右栏会出现解决方案资源管理器,其下有控制台 Console1。

建立完成控制台后,在所选位置文件夹中生成控制台文件夹 Console1,如图 2.22 所示,Console1 文件夹中包括项目子文件夹和解决方案文件 Console1. sln(表示一个项目组,通常包含一个项目中所有的工程文件信息),如图 2.23 所示。项目子文件夹中包含了一个项目文件 Console1. vfproj。总体来说,解决方案(Solution)是比项目(Project)更大的概念,一个解决方案可以含有多个项目。

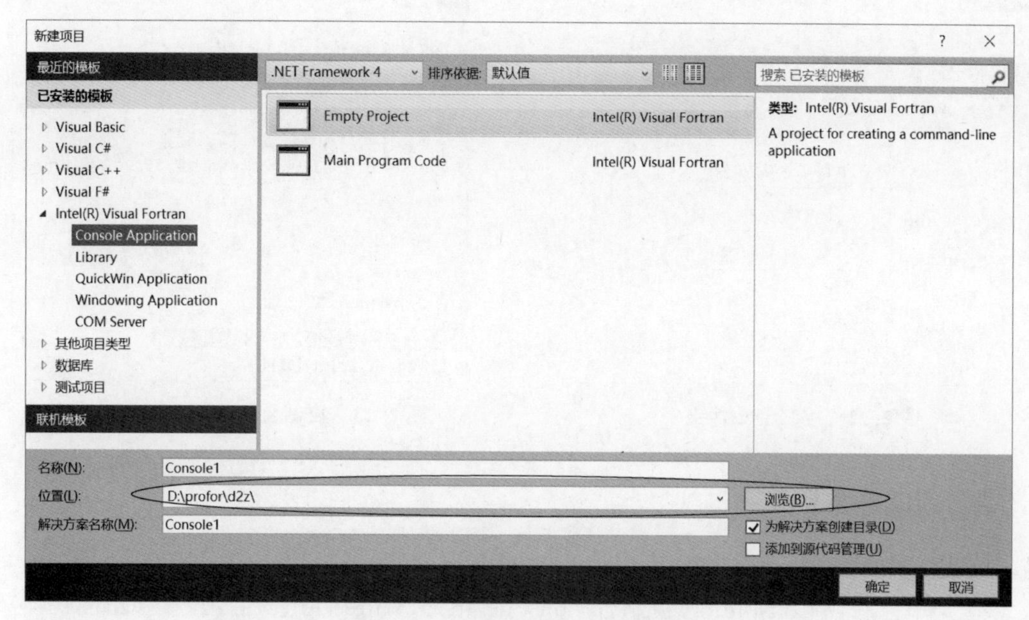

图 2.20　建立控制台——对话框

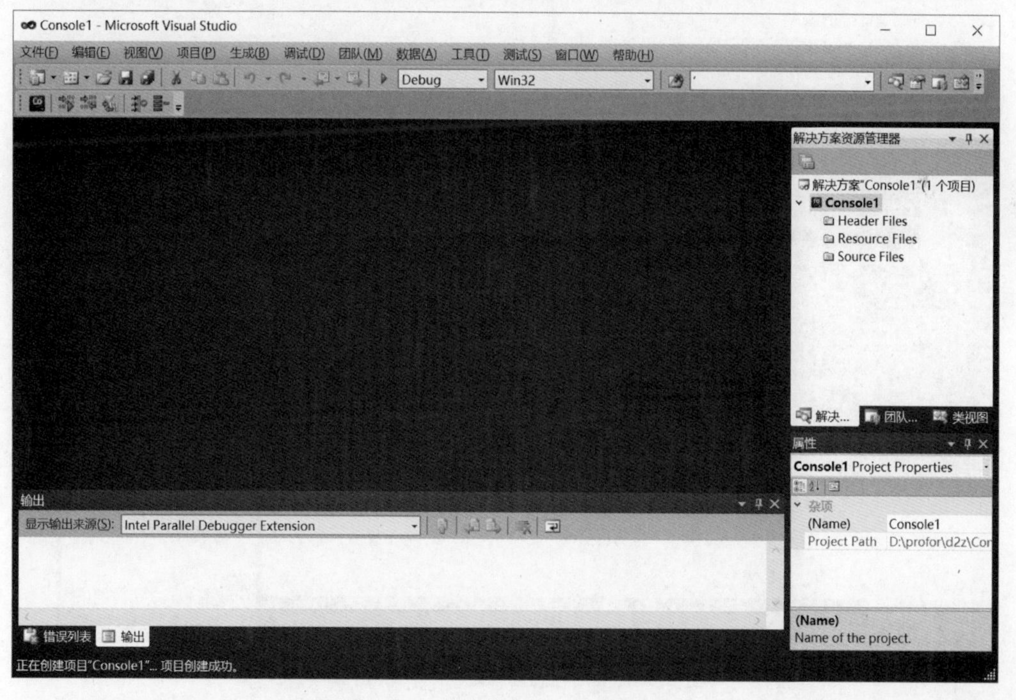

图 2.21　建立控制台——成功后

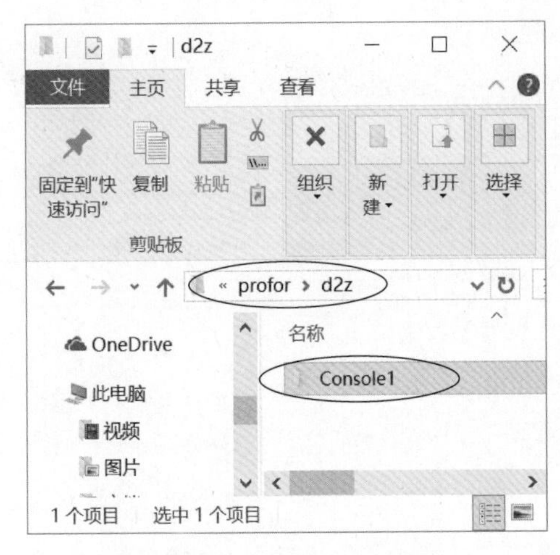

图 2.22　控制台文件夹

图 2.23　控制台文件夹中包含的内容

2. 添加源程序文件

创建步骤如下。

① 选中控制台 Console1 或控制台 Console1 下的 Source Files，右击，在弹出的快捷菜单中选择"添加"|"新建项"，如图 2.24 所示，弹出"添加新项"对话框。

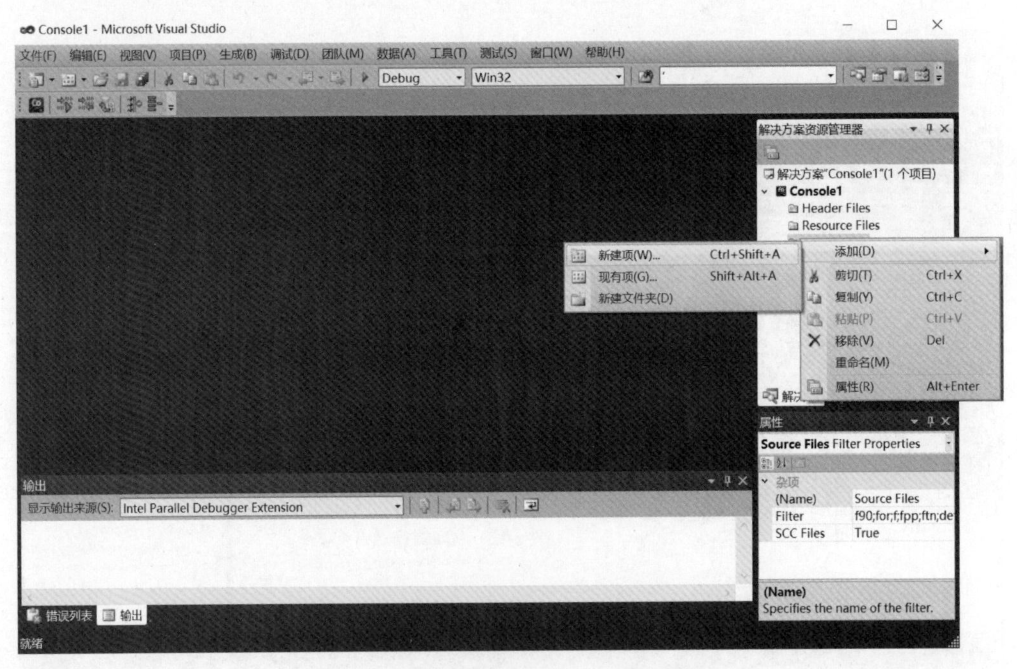

图 2.24　添加源程序文件——快捷菜单

② 在左栏"已安装的模板"中可以看到 Intel(R) Visual Fortran Project Items，单击选中此项。在对应的右栏中选择 Fortran Free-form File (.f90)(自由格式的 FORTRAN)，"名称"文本框中显示默认文件名 Source1.f90(可修改)，单击"添加"按钮，如图 2.25 所示。

③ 回到主界面，完成添加源程序文件到控制台的操作，主窗口中打开源程序文件

Source1. f90 的文档窗口，如图 2. 26 所示。

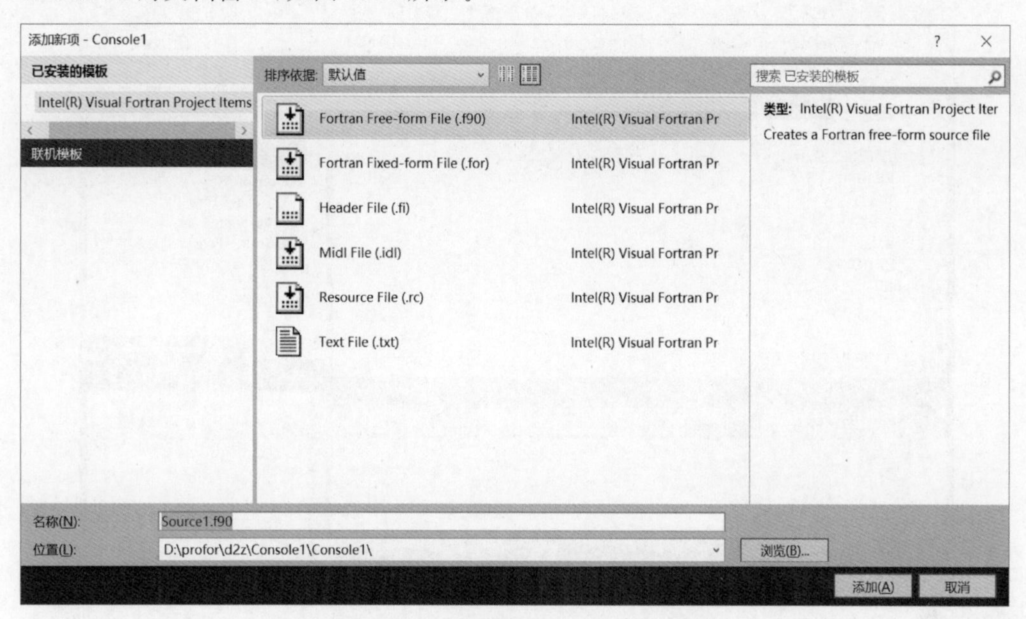

图 2. 25　添加源程序文件——对话框

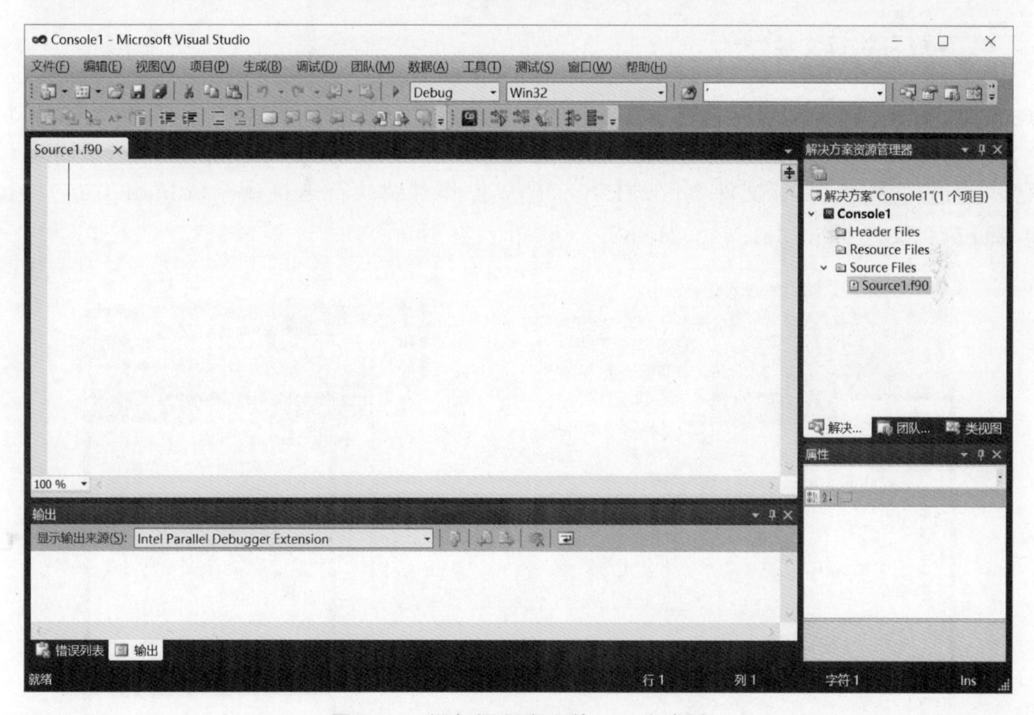

图 2. 26　添加源程序文件——完成后

3. 编辑源程序

在 Source1. f90 的文档窗口中输入例 1-1 源程序代码，如图 2. 27 所示。

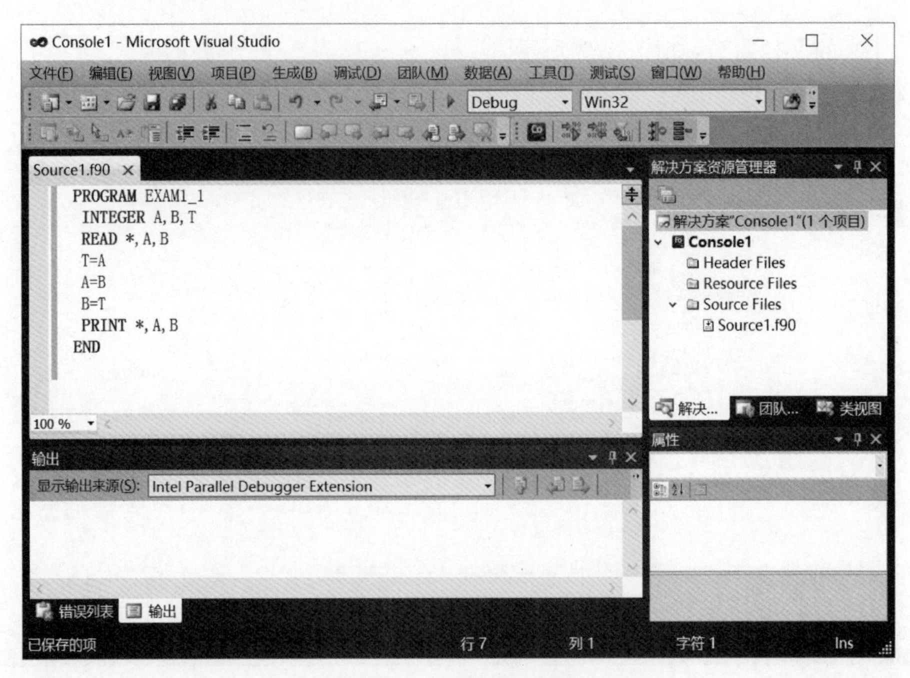

图 2.27 编写程序代码

4. 生成可执行文件

选择菜单“生成”|“生成 Console1”,如图 2.28 所示,输出窗口显示已启动生成,在项目子文件夹中创建 Debug 文件夹。编译器先执行编译命令(Compiling),编译 Source1.f90 源程序,通过后会生成目标文件 Source1.obj,生成操作继续执行连接命令(Linking…),构建生成可执行文件 Console1.exe,如图 2.29 和图 2.30 所示。

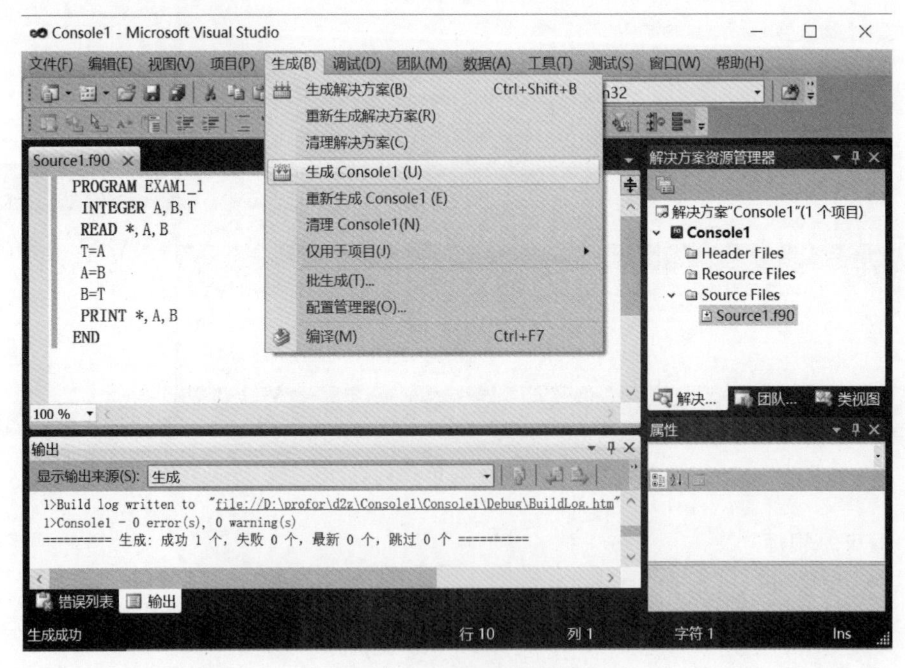

图 2.28 启动生成命令

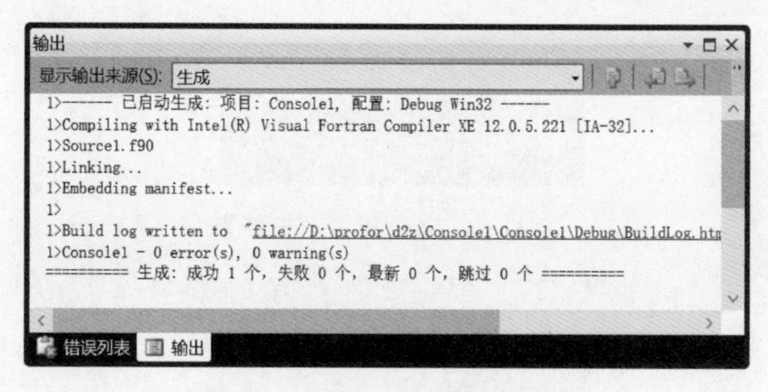

图 2.29　输出窗口显示结果

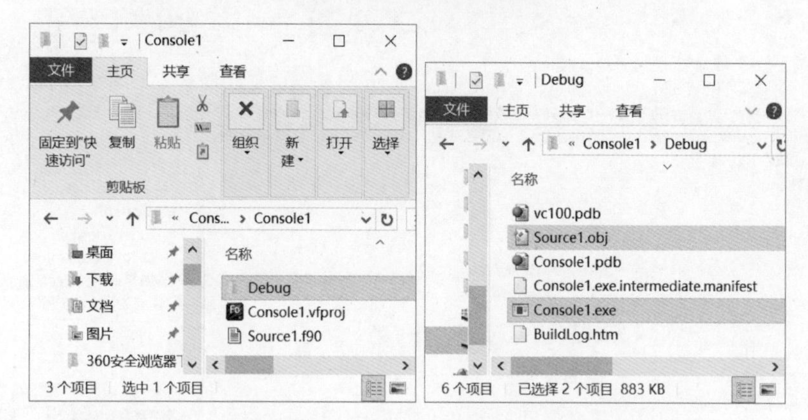

图 2.30　创建 Debug 文件夹,生成目标文件和可执行文件

生成过程中如果有错误,则返回编辑、修改程序,直到生成可执行文件。

5. 运行程序

选择菜单"调试"|"开始执行(不调试)",执行程序,如图 2.31 所示。弹出执行窗口,运行结果如图 2.32 所示。

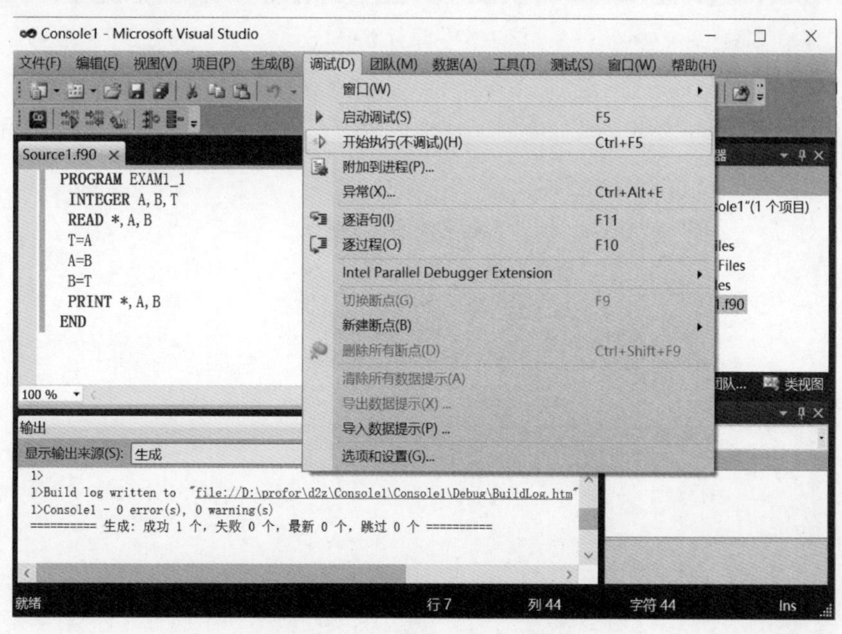

图 2.31　运行程序——菜单项

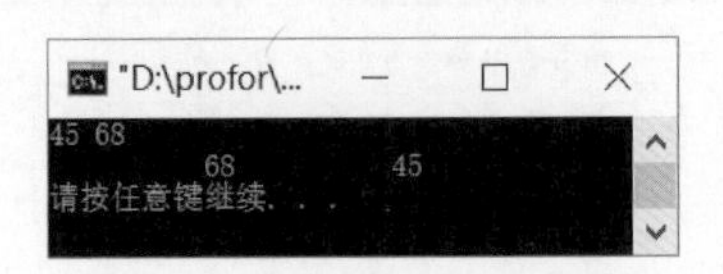

图 2.32　运行程序——结果

到此例 1-1 程序的上机过程完成。要完成例 1-2 的上机操作,先关闭 Console1,建立新的解决方案,重复执行上述步骤 1～步骤 5,如图 2.33 所示。

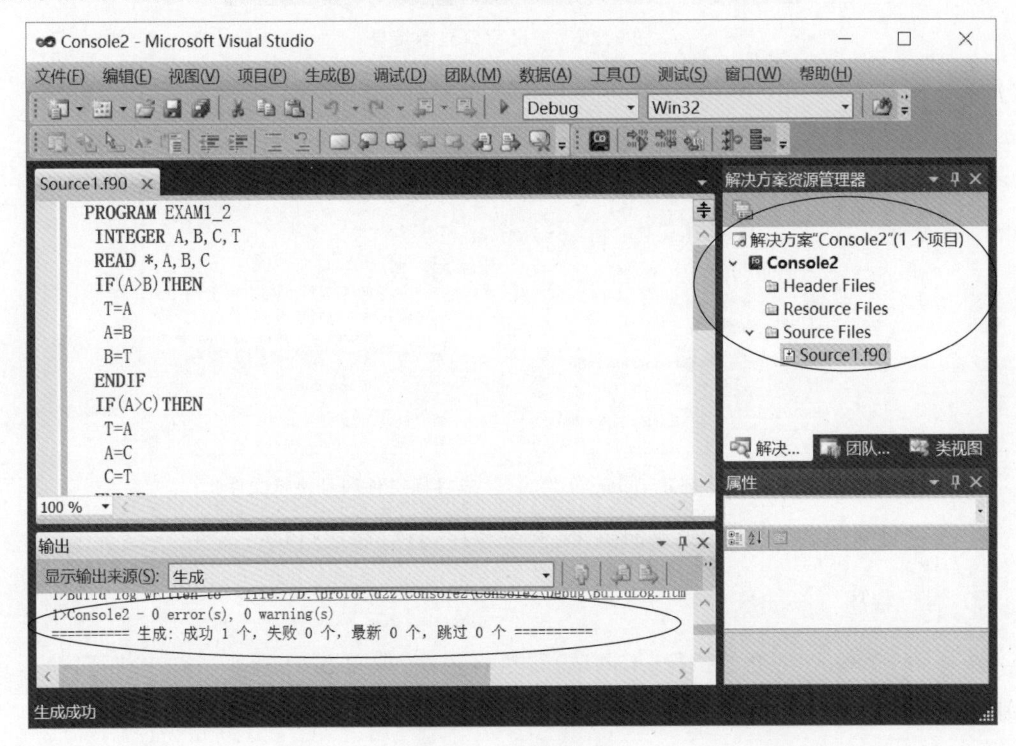

图 2.33　运行例 1-2

对于 Intel Visual Fortran 2011 和 VS2010 的编译调试环境,还需要读者通过多上机调试和运行程序来熟悉与掌握。本书中如无特别说明,都采用这一编译环境来调试程序。

第3章

程序调试

CHAPTER 3

设计程序的最终目的是得到一个无错误(语法、运行、逻辑)的可执行程序,获得正确的结果。但是在程序设计中,无论规模大小,错误总是难免的。程序的设计很少有能够一次完成、没有错误的(这里的程序不是指只有一个输出语句这样的程序,而是要实现一定的功能、具备一定实用价值的程序)。在编程的过程中由于种种原因,总会出现这样或那样的错误,这些程序的错误就是我们常说的 Bug,而检测并修正这些错误的过程就是 Debug(调试)。调试程序是查找、发现和纠正错误的有效途径。主流集成开发环境都提供了强大的程序调试功能,在程序进行编译、连接、运行时,会对程序中的错误进行诊断。能快速查找、发现和纠正错误也是对程序设计人员的基本要求。本章介绍程序调试的一般方法。

3.1 程序调试步骤

程序编写好后,调试程序的基本步骤如图 3.1 所示。

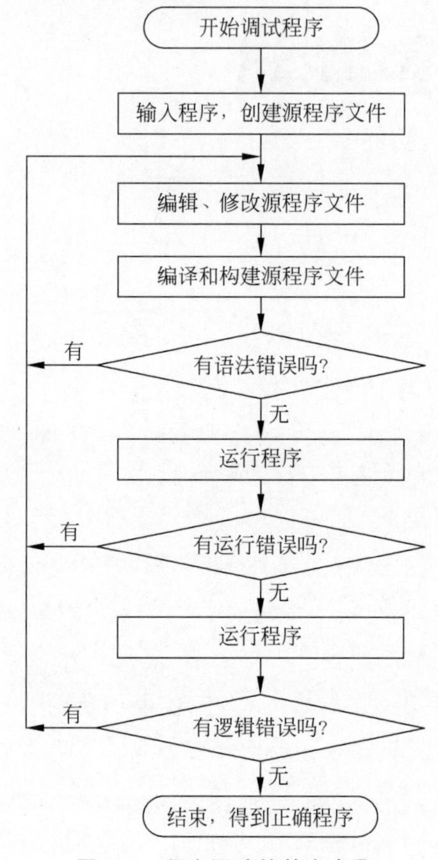

图 3.1 程序调试的基本步骤

3.2 错误类型和查错方法

3.2.1 程序错误类型

程序的错误可以抽象地分为 3 类:语法错误、运行错误和逻辑错误。

1. 语法错误

语法错误是程序设计初学者出现最多的错误,是在编译过程中发现的、不符合设计语言语法规则而产生的错误。出现语法错误,程序编译或构建就通不过,程序就不能运行。通常,编译器对程序进行编译或构建的过程中,会把检测到的语法错误以提示的方式列举出来,又称为编译错误。

编译器检测的语法错误分为 3 种：致命错误、错误和警告。

(1) 致命错误：这类错误大多是编译程序内部发生的错误。发生这类错误时，编译被迫中止，只能重新启动编译程序，但是这类错误很少发生，为了安全，编译前最好还是先保存程序。

(2) 错误：这类错误通常是在编译时语法不当所引起的。例如：括号不匹配，变量未声明，表达式不完整，缺少必要的标点符号，关键字输入错误，数据类型不匹配，循环语句或选择语句的关键字不匹配、结构不完整等。产生这类错误时，编译程序会出现报错提示，根据提示对源程序进行修改即可。这类错误是出现最多的。

(3) 警告：指怀疑被编译程序有错，但是不确定，有时可强行通过。这些警告中有些会导致错误，有些可以通过。例如调用子程序时，虚参、实参类型不一致等。

语法错误是通过编译和构建来查找、发现和纠正的。此类错误相对简单，调试起来比较容易。一般编译系统会自动提示相应的错误地点和错误原因，比如哪一行代码少了个括号等诸如此类的提示。如图 3.2 所示，这里块 IF 结构缺少结束语句 ENDIF。对于常见的错误，如能看懂直接改正即可，如果看不懂原因，可以将错误提示信息输入搜索引擎查找，一般都能找到具体的解决办法。

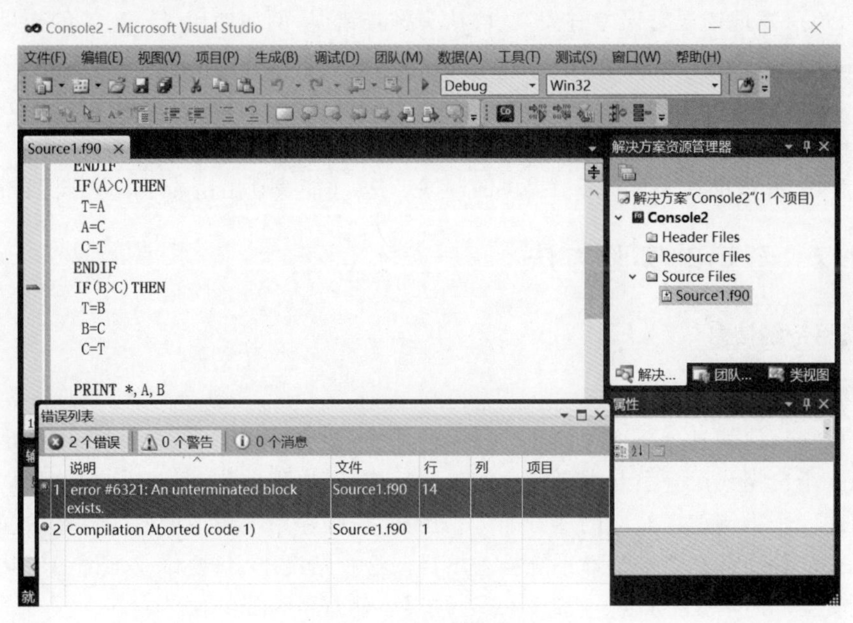

图 3.2　错误信息提示

2. 运行错误

运行错误指程序在运行过程中出现的错误。程序通过语法错误检测后，生成可执行文件，但并不说明程序就一定能正确运行，往往还会出现错误，需要继续调试。

运行错误一般可归纳为两类。一类是运行程序时系统给出出错信息，程序被迫终止。例如，除法运算时除数为 0，数组下标越界，输入数据格式错误，格式编辑符与输出项不匹配，文件打不开，磁盘空间不够等。此类错误发生时，编译平台一般也会提示相应的信息，对于常规的错误会有比较精确的提示，有时提示的错误原因会比较模糊，但因为此类错误一般在程序运行时，只在特定的条件下才会发生，所以根据错误发生的条件，能够大致判断程序出错的代码段,结合错误的原因,能比较方便地调试出错误。

另一类错误表现为运行时系统不正常或结果不正确,如程序不能正常结束,没有任何输出结果或输出结果与预期的不一致等。

3. 逻辑错误

逻辑错误主要表现在程序运行后,得到的结果与预期、设想的不一致,这就有可能出现了逻辑错误。这种错误在语法上是有效的,但是在逻辑上是错误的。通常出现逻辑错误的程序都能正常运行,系统不会给出提示信息,所以很难发现错误。要发现和改正逻辑错误,需要仔细阅读和分析程序。

程序运行了,也没有出错,但是执行出来的结果不是用户想要的,这分为以下两种情况。

(1) 能够看出错误。例如,查询工资大于 5000 元的人员名单,却出现了 3000 元工资的人员。

(2) 看不出错误,直到偶然的机会才发现程序肯定出错了,后果就很严重。例如进行一个复合大型运算,某个常数输入错了,最后的结果人工无法判断对错,又以该结果进行其他的运算等,最后发现错误时误差过大,就得从头排查错误,例如使用了不正确的变量,指令的次序错误,循环的条件不正确,程序设计的算法考虑不周全等。

通常,逻辑错误也会附带产生运行错误。在一般情况下,编译器在编译程序时,不能检测到程序中的逻辑错误,也不会产生逻辑错误的提示,因此逻辑错误比较难排除,需要程序员仔细地分析程序,并借助集成开发环境提供的调试工具,才能找到出错的原因并排除错误。

3.2.2 查错的实验方法

1. 利用系统信息

(1) 编译过程中的错误。

用户根据错误信息分析产生错误的原因和性质,并进行相应修改。要注意的是,有时源程序中的一个含糊错误会引起编译程序的连锁反应,产生许多错误信息。在这种情况下,往往只需纠正一个出错信息对应的地方即可。例如,若程序中变量说明语句有错,这时那些与该变量有关的程序行都会被编译系统检查出错。这种情况下,只要修改了说明语句的错误,其余错误就会同时消失,所以一般改完一处错误后就重新编译一次。

(2) 连接过程中的错误。

在连接过程中要涉及模块与模块、模块与系统之间的关系。如果程序中有外部调用、存储区设置和各模块间的接口等方面错误,连接程序就会提示错误信息。

(3) 运行过程中的错误信息提示。

2. 插入调试语句

除了利用系统给出的信息进行分析、判断之外,常用的调试方法还有在程序中插入一些调试语句。常用调试语句有以下几种。

(1) 设置状态变量。

每个模块中设置一个状态变量,程序进入该模块时,赋给该状态变量一个特殊值,根据各状态变量的值，可以判断程序活动的大致路径。

(2) 设置计数器。

在每个模块或基本结构中，设置一个计数器，程序每进入该结构一次，便计数一次。这样，不仅可以判断程序路径，而且当程序中有死循环时，用这种方法能很快发现。

(3) 插入打印语句。

打印语句是最常用的一种调试语句，用起来方便，能产生许多有用信息。

① 将打印语句放在靠近读语句(或输入语句)之后、模块入口处或调用语句前后，可以帮助检查数据有没有被正确地输入或数据传递是否正确。

② 将打印语句放置在模块首部或尾部、调用语句前后、循环结构内的第一个和最后一个语句、循环结构后的第一个语句、选择结构前或选择结构每一分支中的第一个语句的位置，用以提供程序执行路径信息。

③ 选择一些适合的点设置打印语句，以便打印有关变量的值，检查是否正确。

3. 借助调试工具

利用编译系统提供的调试工具进行单步、追踪运行。本章将介绍 CVF 编译环境和 IVF 在 VS2010 中的调试工具的一般应用。

以上方法也常常联合起来使用。

3.2.3　错误修改原则

(1) 要勤于思考。程序调试是分析问题、解决问题的过程。培养调试程序的能力，最有效的方法是勤于思考、积极分析、不断总结。

(2) 如果陷入困境，要与别人交流自己的问题。在交流的过程中，有可能突然找到问题所在，别人的提示或许对自己有很大启发。

(3) 如果陷入困境，可适当间隔一定时间后再去考虑，不要一味纠结下去。如果在适当的时间内找不到问题所在(小程序半小时，大程序几小时)，就先放下问题，隔一段时间后有可能会灵机一动、解决问题。

(4) 不要在问题没有搞清楚前随意改动程序，这样不利于找出错误，程序越改越乱，以至于面目全非。

3.3　调试工具

3.3.1　CVF 6.5 的调试工具

CVF 6.5 开发环境提供了功能强大的调试工具 Debug，使用 Debug 可以快速、方便、高效地检查、发现和纠正错误。Debug 功能强大、内容丰富，这里只简单介绍使用 Debug 测试工具调试程序的步骤。

(1) 激活 Build 和 Debug 工具栏。在工具栏空白处右击，弹出快捷菜单，选择 Build 和 Debug 工具栏，如图 3.3 所示。

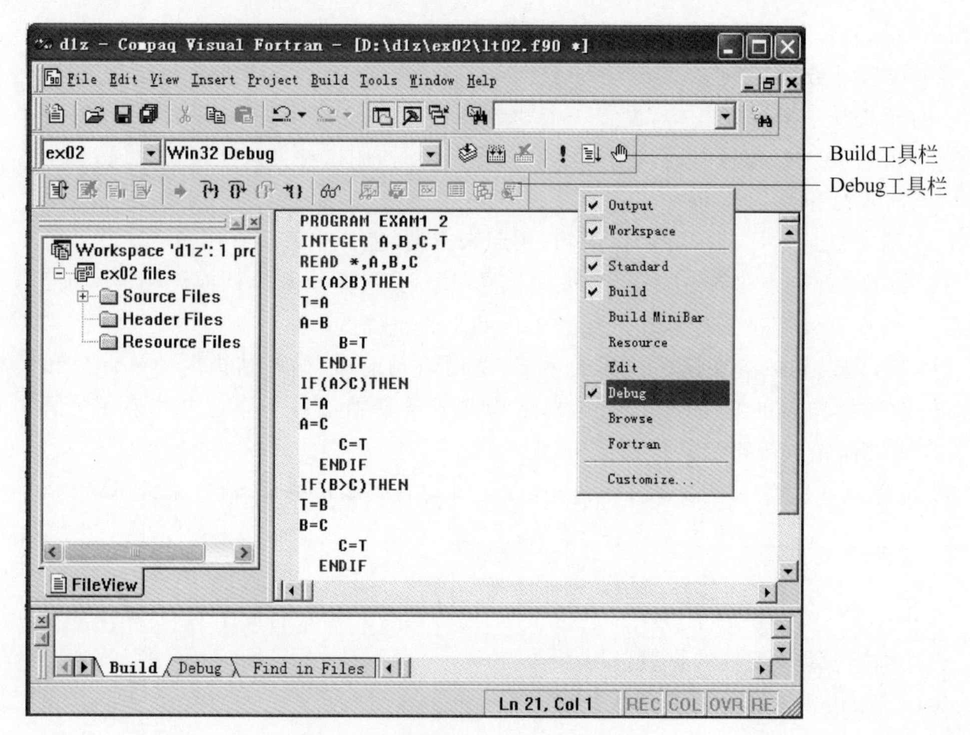

图 3.3 激活 Build 和 Debug 工具栏

(2) 通过 Build 工具栏“断点设置”按钮( )给程序设置断点。断点就是程序在运行中暂停的位置,用于通知调试器何时何地暂停程序的执行。根据需要可设置多个断点。将光标置于需要设置断点的语句位置,单击 Build 工具栏上的“断点设置”按钮,即可在该语句处设置一个断点。“断点设置”按钮是一个开关按钮,再次单击可取消断点,如图 3.4 所示。

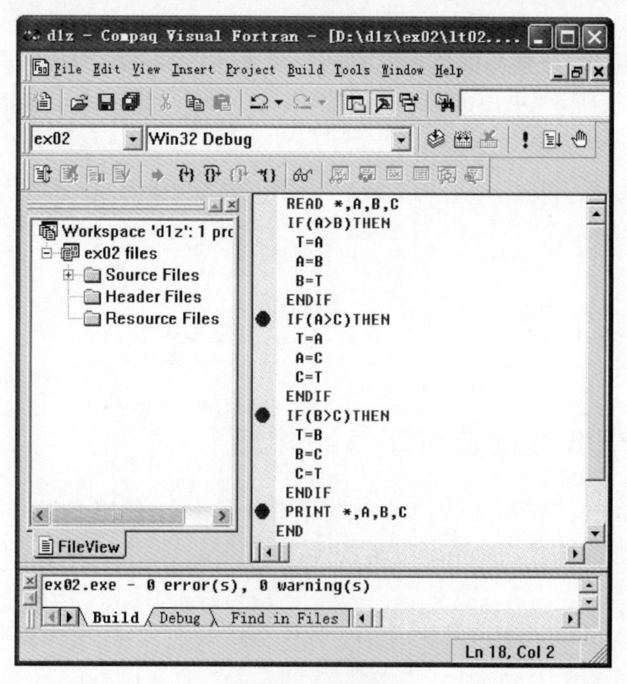

图 3.4 设置断点

(3) 单击 Build 工具栏的“开始调试程序”按钮( ),在运行窗口中输入数据后,运行至第一个断点位置暂停,断点出现黄色箭头,如图 3.5 所示。

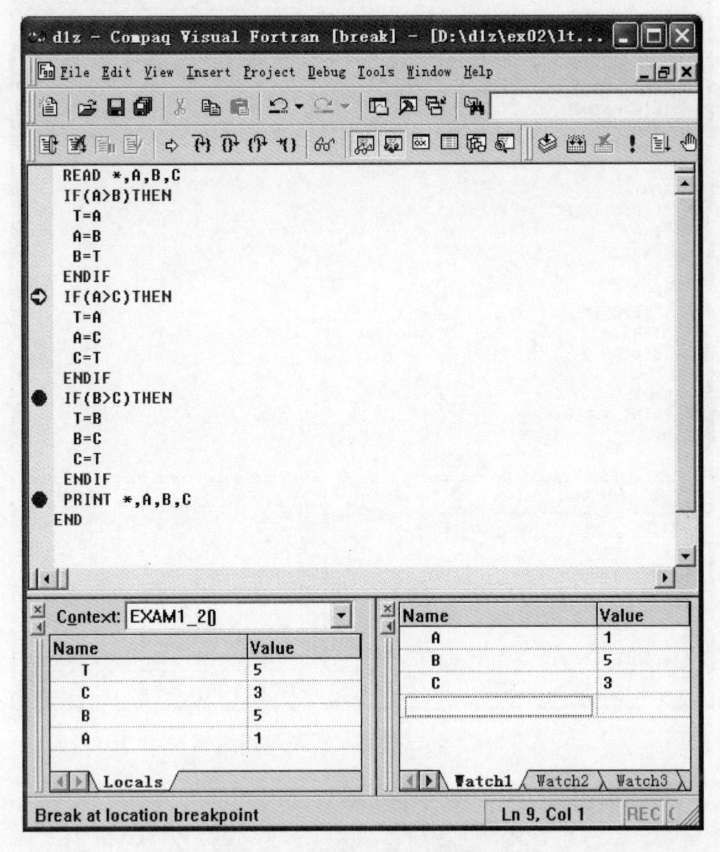

图 3.5　在第 1 个断点处暂停

(4) 激活显示有关 Debug 调试窗口,通过调试窗口可以观察程序运行过程中的重要参数(变量、内存、寄存器等)。CVF 6.5 共提供 6 个 Debug 窗口,常用的有两个：变量窗口 Locals 和观察窗口 Watch,用于了解变量和表达式的取值情况,以判断、分析错误所在。如图 3.5 所示,Locals 窗口中自动显示在范围内的变量,在 Watch1 窗口中可以添加想要观察的变量和表达式。

(5) 单击“开始调试程序”按钮,从暂停断点处继续运行到下一个断点或结束程序运行。运行至第 3 个断点时变量窗口和观察窗口的显示内容进行了刷新,黑色数据为未刷新值,红色数据为刷新值,如图 3.6 所示,方框内数据为刷新数据。

3.3.2　VS2010 的调试工具

这里只介绍 VS2010 使用调试工具、通过断点调试程序的过程。

(1) 设置断点。将光标插入点放在要设置断点的位置,右击,在弹出的快捷菜单中选择“断点”|“插入断点”,如图 3.7 所示。如果要删除断点,方法相同,如图 3.8 所示。

如图 3.9 所示,可以通过选择主窗口菜单“调试”|“窗口”|“断点”,打开“断点”窗口,如图 3.10 所示进行断点编辑。

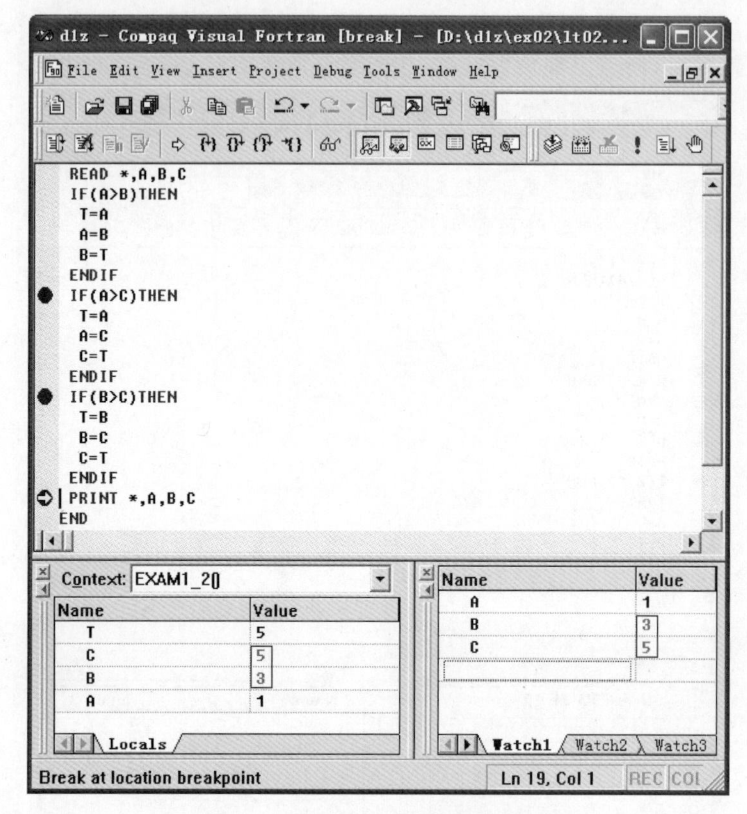

图 3.6　调试过程中查看刷新数据

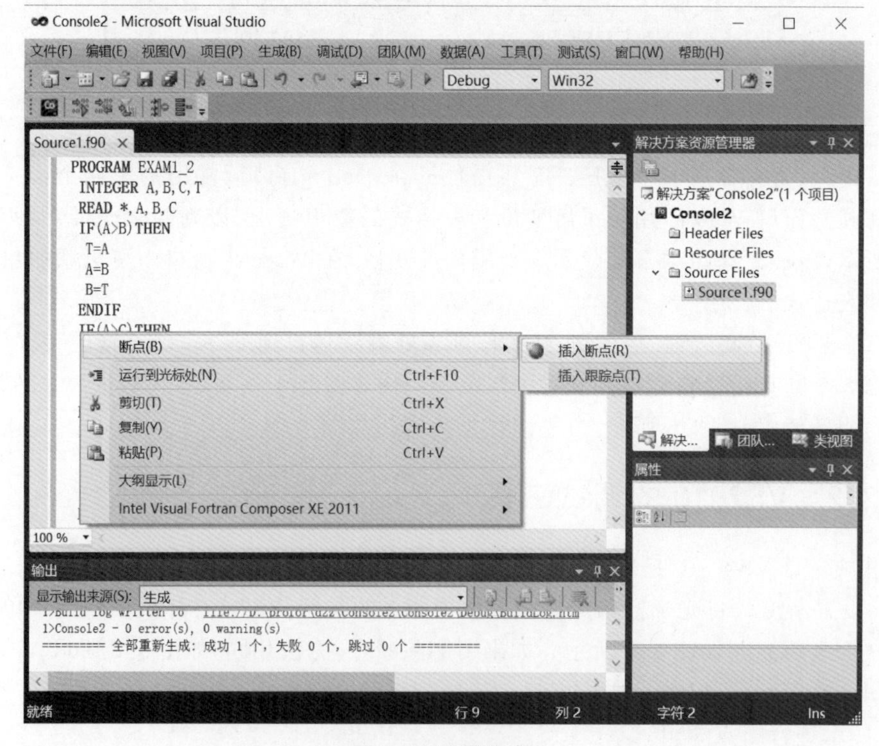

图 3.7　设置断点

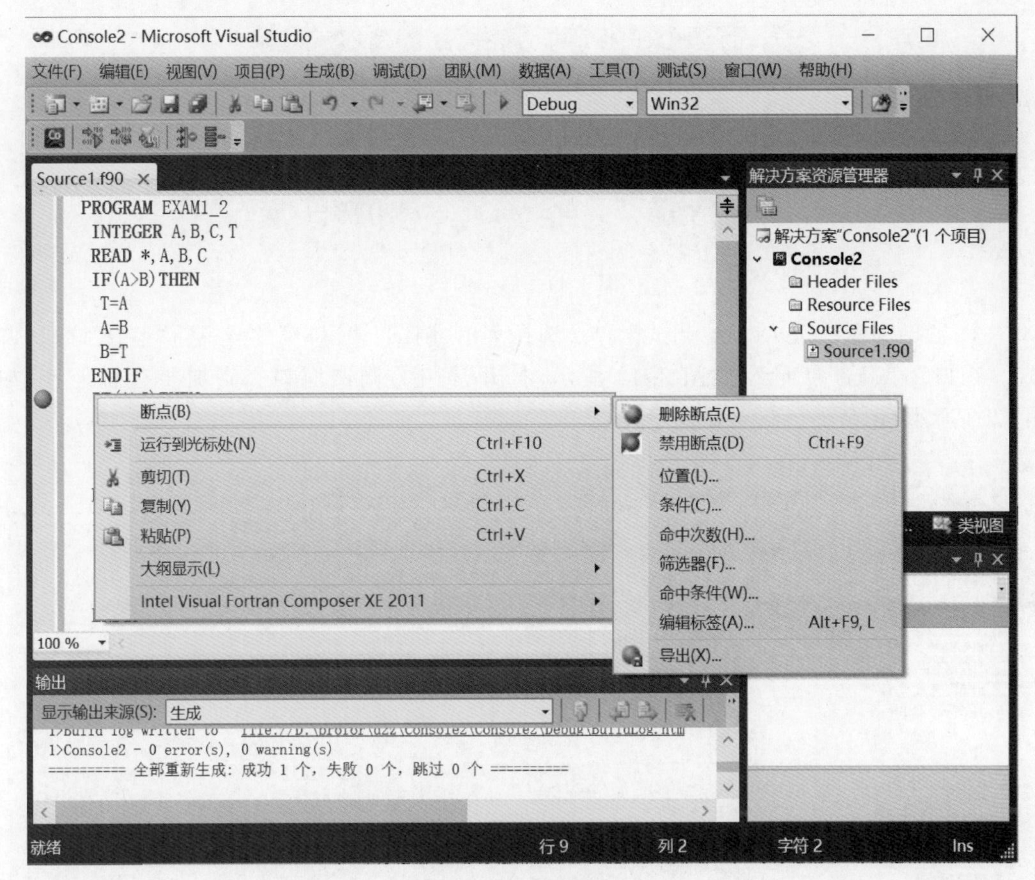

图 3.8　删除断点

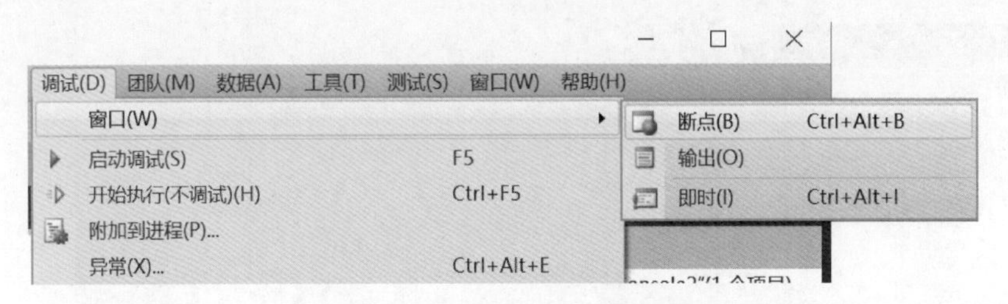

图 3.9　打开断点窗口菜单项

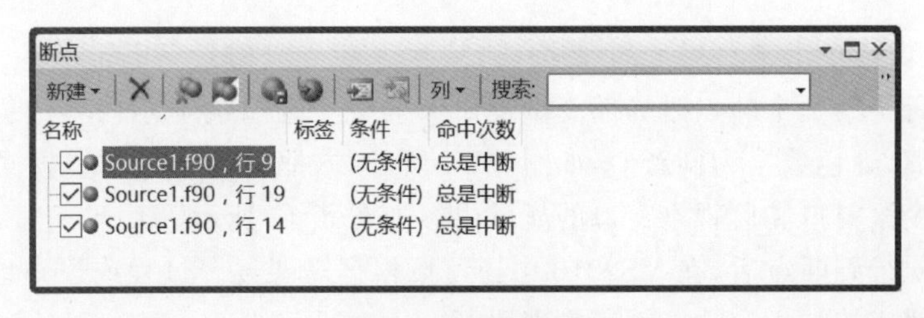

图 3.10　断点窗口

(2) 启动调试。选择菜单“调试”|“启动调试”,或按 F5 键,如图 3.11 所示。

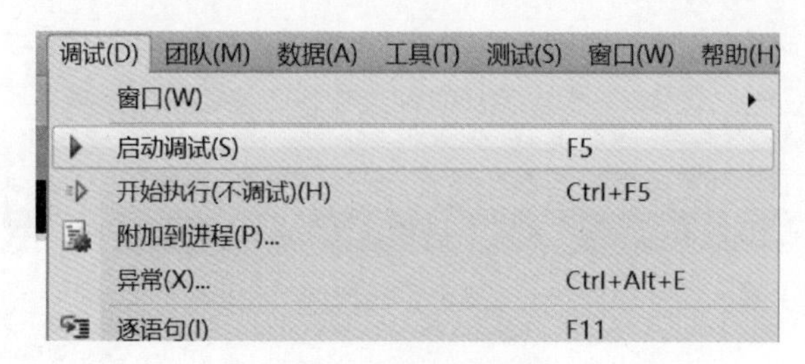

图 3.11 启动调试

(3) 激活显示有关 Debug 调试窗口。选择菜单“调试”|“窗口”|“监视”|“监视 1”或“调试”|“窗口”|“局部变量”,如图 3.12 所示,打开常用的调试窗口。添加要查看的项,如图 3.13 所示,在第 1 个断点处暂停。

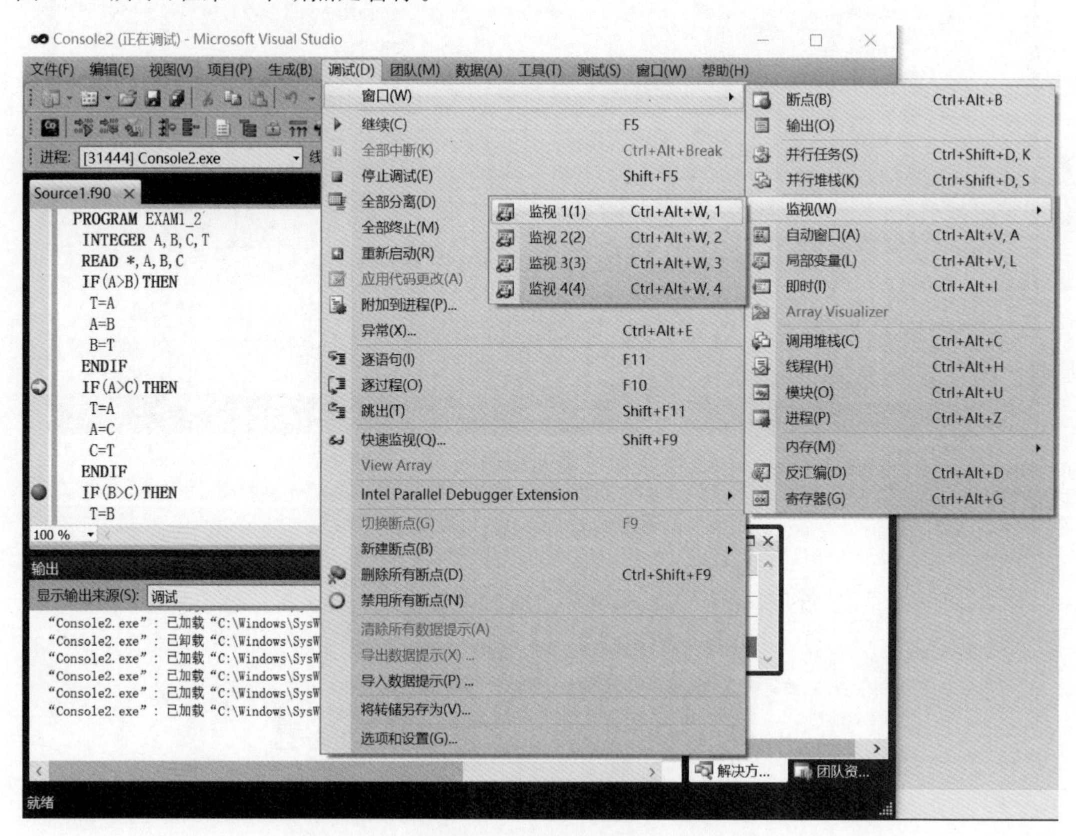

图 3.12 打开调试窗口

(4) 按 F5 键或单击工具栏上的 ▶ 按钮,从暂停断点处继续运行到下一个断点或结束程序运行。运行至第 2 个断点时局部变量窗口和监视 1 窗口的显示内容进行了刷新,黑色数据为未刷新值,红色数据为刷新值,如图 3.14 所示,方框内数据为刷新数据。运行至第 3 个断点时局部变量窗口和监视 1 窗口的显示内容如图 3.15 所示。

在调试器执行到断点后,在 VS2010 中还可以根据需要逐个过程或逐句地执行代码,可以单击相应按钮或按下相应功能键来实现,如图 3.16 所示。

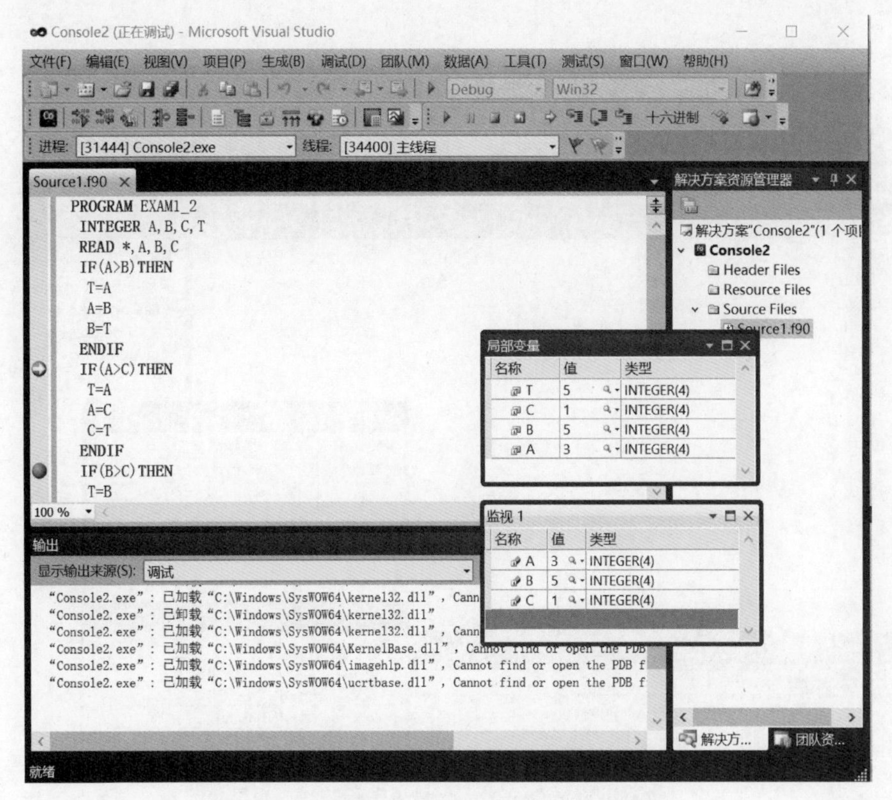

图 3.13　在第 1 个断点处暂停窗口查看情况

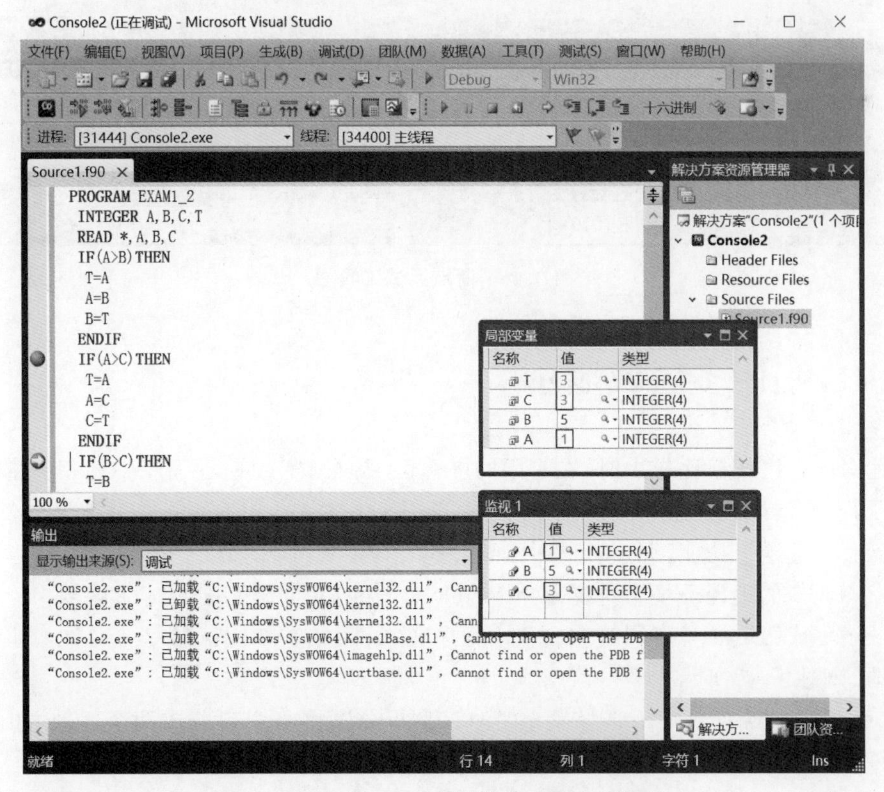

图 3.14　在第 2 个断点处暂停窗口查看情况

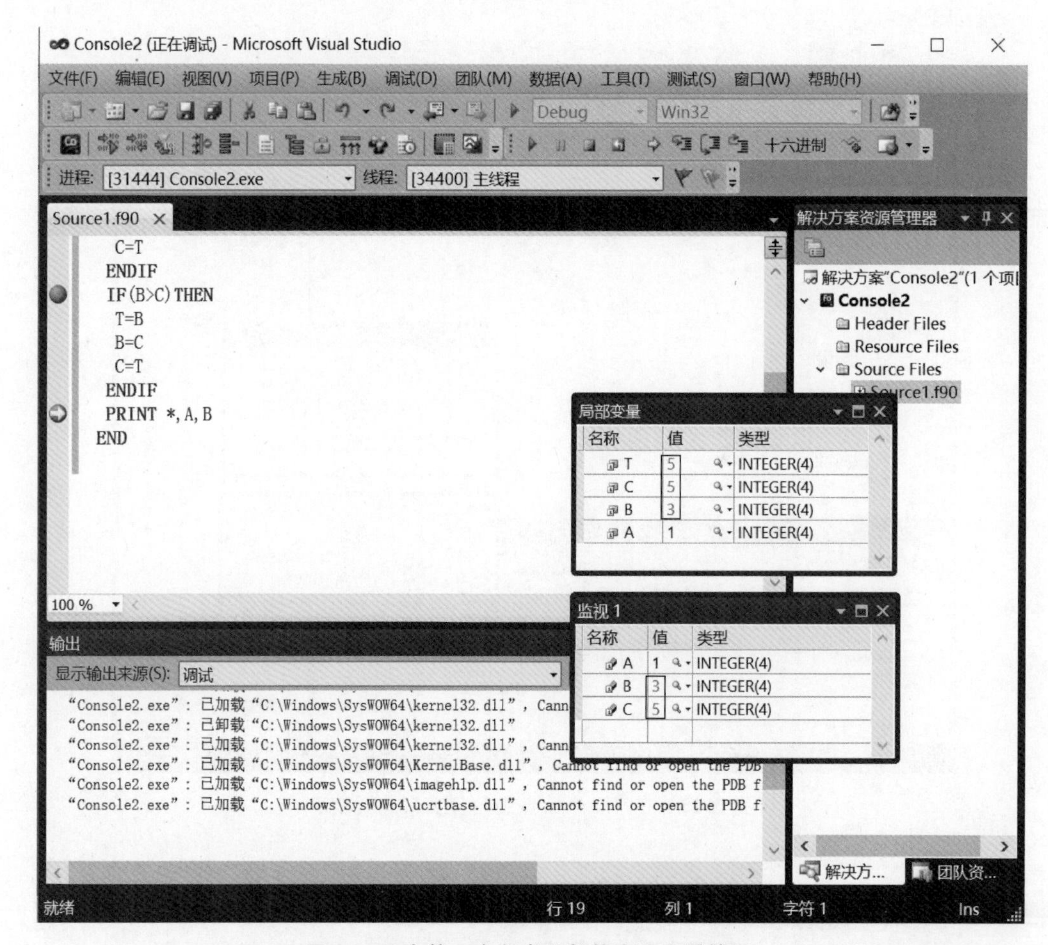

图 3.15 在第 3 个断点处暂停窗口查看情况

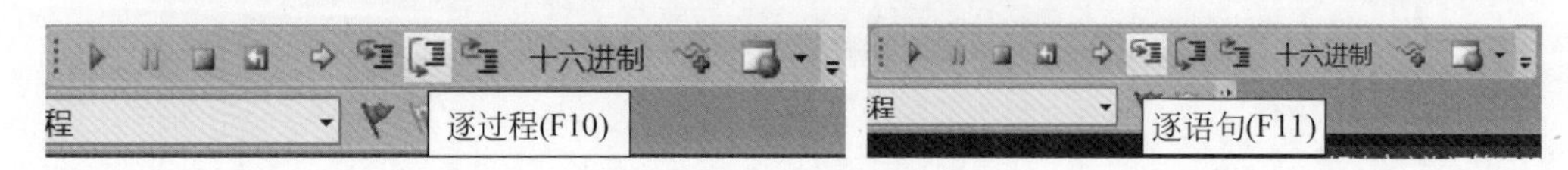

图 3.16 断点调试工具栏

3.4 程序多区域显示

当编写的程序规模比较大时,在有限的屏幕区域内浏览或查看程序中的相关部分显得很不方便,也给调试程序带来一定困难。为了解决这一问题,开发环境提供了程序多区域显示的功能。通过这一功能,用户可同时浏览、查看程序的不同部分。

在 CVF6.5 的编译环境下选择菜单 Window|Split,可将窗口分成 4 个区域。

区域 1、2 或区域 3、4 可同时左右移动程序文本,区域 1、3 或区域 2、4 可同时上下移动程序文本,如图 3.17 所示。

在 VS2010 的编译环境下选择菜单"窗口"|"拆分",可将窗口分成两个区域,如图 3.18 所示。每个区域可以调整为不同的显示比例,各自可以上下左右移动文本。

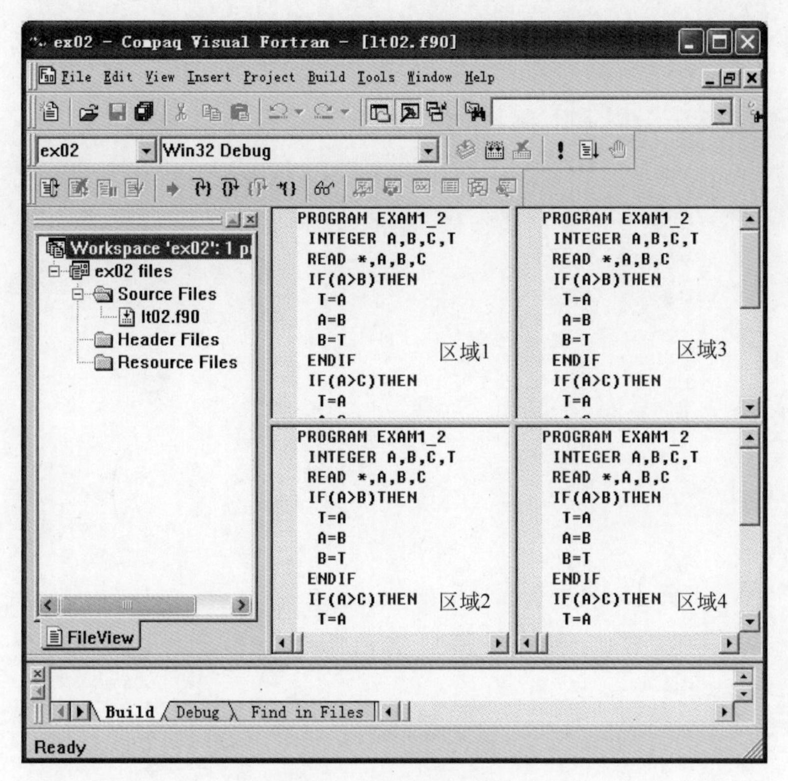

图 3.17　多区域显示 1

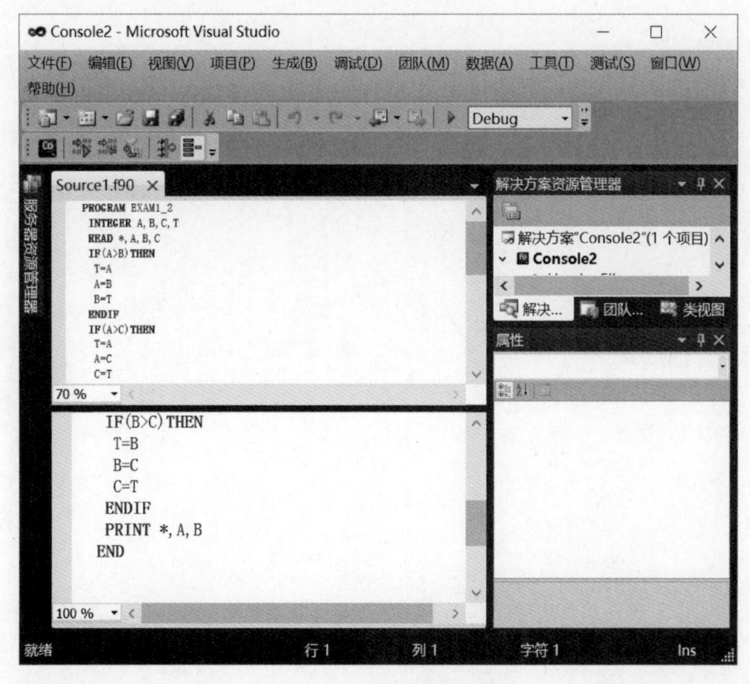

图 3.18　多区域显示 2

第2部分

上机实验指导

学习程序设计，上机实验是十分重要的环节。本章设计了 12 个实验，这些实验和课堂教学紧密配合，通过有针对性的上机实验，可以更好地熟悉 FORTRAN95 的功能，掌握 FORTRAN95 程序设计的方法，并培养一定的应用开发能力。每个实验都安排有要求的机时，也可以根据实际情况从每个实验中选择部分内容作为上机练习。第 9～12 个实验也可以作为 FORTRAN95 课程设计的内容。

为了达到理想的实验效果，务必做到以下几点。

(1) 实验前认真准备，做好前期工作。根据实验目的和实验内容，复习好实验中可能要用到的命令、语句，想好编程思路，做到胸有成竹，提高上机效率。

(2) 实验过程中积极思考，深入分析程序的执行结果和相关屏幕信息的含义、出现的原因并提出解决办法。

(3) 实验后认真总结。总结本实验使人有哪些收获，还存在哪些问题，并写出实验报告。实验报告应包括实验目的、实验内容、流程图、程序清单、运行结果以及实验的收获与体会等。

程序设计和应用开发能力的提高需要不断的上机实践和长期的积累。在上机过程中会遇到各种各样的问题，分析问题和解决问题的过程就是经验积累的过程。只要能按照要求去做，就能有所收获，计算机应用能力就会得到提高。

实验 1

熟悉FORTRAN95软件开发环境

EXPERIMENT 1

一、实验目的

1. 了解 FORTRAN95 与软件开发环境的关系。
2. 熟悉 VS2010 的集成开发环境。
3. 熟悉 CVF 6.5 的开发环境。
4. 掌握 FORTRAN95 上机实验的基本操作过程。
5. 掌握解决方案、控制台、文件的基本概念和创建方法。
6. 理解工作空间、项目的基本概念和创建方法。
7. 了解程序开发过程中出现的错误类型和纠正错误的调试方式。

二、实验内容

【实验内容 1.1】 输入下列程序,观察程序运行结果。

```
PROGRAM EXAM1
PRINT *, 'THIS IS A FORTRAN PROGRAM.'
END
```

【实验内容 1.2】 编写程序,输入圆的半径,计算并输出圆的周长和面积。

【实验内容 1.3】 输入下列程序,观察程序运行结果。

```
FUNCTION MYMAX(X,Y)                   !定义函数子程序,X、Y为形参
  IF (X > Y) THEN
      MYMAX = X
  ELSE
      MYMAX = Y
  ENDIF
 END
PROGRAM EXAM3                         !主程序
  REAL A,B,C                          !定义 3 个实型变量
  READ *, A,B                         !输入变量的值
  C = MYMAX(A,B)                      !调用 MYMAX 函数
PRINT *, 'MAX = ',C                   !输出结果
END
```

三、实验要求

实验课时要求 2 学时。

实验内容 1.1 的实验要求

1. 在 VS2010 集成开发环境中运行程序的要求

① 创建用户自定义文件夹 shiyan01,创建在 D 盘上。

② 在文件夹 shiyan01 内创建控制台 exam1,在用户自定义文件夹 shiyan01 内创建解决方案文件夹 exam1。

③ 在控制台内创建源程序文件 cx1.f90,在源程序文件中输入给定的程序代码。

④ 生成 exam1.exe,执行程序,观察运行结果。

2. 在 CVF 6.5 的 Microsoft Developer Studio 开发环境中运行程序的要求

① 创建新工作空间 sy01,工作空间文件夹创建在 D 盘上。

② 在文件夹 sy01 内创建新项目 xm1,项目文件夹创建在工作空间文件夹内。

③ 在项目 xm1 内创建源程序文件 cx1. f90,源程序文件创建在项目文件夹内,在源程序文件中输入、编辑给定的程序代码。

④ 编译源程序 cx1. f90,构建生成可执行程序 xm1. exe,执行程序,观察运行结果。

实验内容 1.2 的实验要求

1. 前期准备

① 通过对该问题的分析研究,设计求解算法,并绘制流程图。

② 根据算法和流程图,编写程序。

2. 在 VS2010 集成开发环境中运行程序的要求

① 在文件夹 shiyan01 内创建控制台 exam2,在用户自定义文件夹 shiyan01 内创建解决方案文件夹 exam2。

② 在控制台内创建源程序文件 cx2. f90,在源程序文件中输入、编辑给定的程序代码。

③ 生成 exam2. exe。

④ 运行程序,分别从键盘输入半径 1、2. 5、12. 5,观察运行结果。

3. 在 CVF 6.5 的 Microsoft Developer Studio 开发环境中运行程序的要求

① 在工作空间 sy01 内创建新项目 xm2,项目文件夹创建在工作空间文件夹内。

② 在项目 xm2 内创建源程序文件 cx2. f90,源程序文件创建在项目文件夹内,在源程序文件中输入、编辑给定的程序代码。

③ 编译源程序 cx2. f90,构建生成可执行程序 xm2. exe。

④ 运行程序,分别从键盘输入半径 1、2. 5、12. 5,观察运行结果。

实验内容 1.3 的实验要求

1. 在 VS2010 集成开发环境中运行程序的要求

① 在文件夹 shiyan01 内创建控制台 exam3,在用户自定义文件夹 shiyan01 内创建解决方案文件夹 exam3。

② 在控制台内创建源程序文件 cx3. f90,在源程序文件中输入、编辑给定的程序代码。

③ 生成 exam3. exe。

④ 运行程序,从键盘输入任意两个数,观察运行结果。

⑤ 将文件夹 shiyan01 复制到 U 盘。该操作是每次实验结束后的默认操作,以后不再提示。

2. 在 CVF 6.5 的 Microsoft Developer Studio 开发环境中运行程序的要求

① 在工作空间 sy01 内创建新项目 xm3,项目文件夹建立在工作空间文件夹内。

② 在项目 xm3 内创建源程序文件 cx3. f90,源程序文件创建在项目文件夹内,在源程序文件中输入、编辑给定的程序代码。

③ 编译源程序 cx3. f90,构建可执行程序 xm3. exe。

④ 运行程序,从键盘输入任意两个数,观察运行结果。

⑤ 将文件夹 sy01 复制到 U 盘。该操作是每次实验结束后的默认操作,以后不再提示。

其后的实验项目如无特殊要求,只给出在 VS2010 集成开发环境中运行程序的要求。

按照附录 A 中实验报告模板的要求完成上机实验报告。

四、实验步骤

1. 在 VS2010 集成开发环境中运行程序的操作步骤

实验内容 1.1 的上机步骤如下。

① 在 D 盘创建文件夹 shiyan01。

② 启动 Intel Parallel Studio XE 2011 的 Parallel Studio XE 2011 with VS2010 或 Microsoft Visual Studio 2010,进入开发环境。

③ 创建控制台 exam1。选择菜单"文件"|"新建"|"项目",在弹出的"新建项目"对话框中选择 Intel(R) Visual Fortran 下的 Console Application,再选择 Empty Project,在"名称"文本框中修改名称为 exam1,"位置"选择 D 盘的用户自定义文件夹 shiyan01,单击"确定"按钮。

④ 创建、编辑源程序文件。选择 exam1 下的 Source Files,右击,在弹出的快捷菜单中选择"添加"|"新建项",在弹出的"添加新项"对话框中选择 Fortran Free-form File(. f90)(自由格式的 FORTRAN),在"名称"文本框中修改文件名为 cx1. f90,单击"添加"按钮。在源程序文件中输入给定的程序代码。

⑤ 生成 exam1。选择菜单"生成"|"生成 Console1",生成可执行文件。

⑥ 运行程序。选择菜单"调试"|"开始执行(不调试)",执行程序。

实验内容 1.2 的上机步骤如下。

(1) 前期准备。

① 通过对该问题的分析研究,设计求解算法,并绘制流程图,如实验图 1.1 所示。

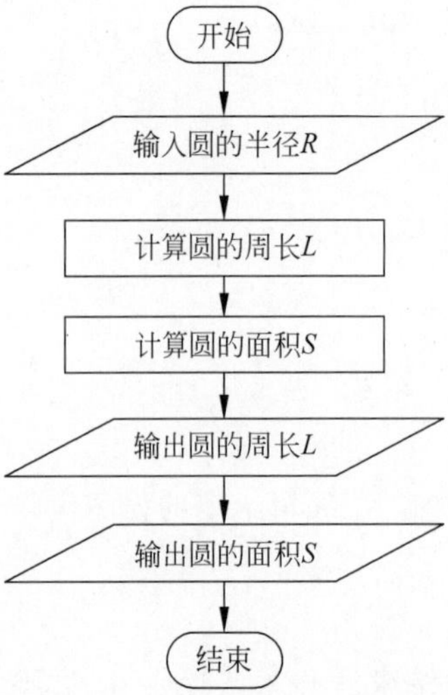

开始
输入圆的半径R
计算圆的周长L
计算圆的面积S
输出圆的周长L
输出圆的面积S
结束

实验图 1.1　实验内容 1.2 流程图

② 根据算法和流程图,编写程序如下:

```
!计算圆的周长和面积
PROGRAM EXAM2
  PARAMETER PI = 3.1415926
  REAL R,L,S
  PRINT *,'请输入圆的半径:'
```

```
  READ *,R
  L=2*PI*R
  S=PI*R*R
  PRINT *,'圆的周长=',L
  PRINT *,'圆的面积=',S
END
```

(2) 上机步骤。

本次实验内容的上机步骤需要在前面实验步骤的基础上完成。文件夹 shiyan01 已经建立,默认情况下,集成开发环境已打开,目前打开的是解决方案 exam01,先关闭该解决方案。如果集成开发环境已关闭,则先打开。

① 创建控制台 exam2,建立在用户自定义的文件夹 shiyan01 中,方法同实验内容 1.1。

② 创建、编辑源程序文件 cx2.f90。

③ 生成 exam2.exe。

④ 运行程序。运行 3 次,分别输入 1、2.5、12.5,得到 3 次运行结果。

实验内容 1.3 的上机步骤与实验内容 1.2 的上机步骤类似。

2. 在 CVF 6.5 的 Microsoft Developer Studio 开发环境中运行程序的操作步骤

实验内容 1.1 的上机步骤如下。

① 启动 Compaq Visual Fortran 6.5 的 Microsoft Developer Studio,进入开发环境。

② 创建工作空间。选择菜单 File|New,在弹出的 New 对话框中选择 Workspace 选项卡,完成以下操作:

- 在 Location 文本框中输入 D:\或单击右侧按钮查找指定 D 盘;
- 在 Workspace name 文本框中输入工作空间名 sy01;
- 单击 OK 按钮。

③ 创建新项目。选择菜单 File|New,在弹出的 New 对话框中选择 Projects 选项卡,完成以下操作:

- 在项目类型区选择 Win32 Console Application 项目类型;
- 选择 Add to current work 项,在 Location 文本框取默认值 D:\sy01;
- 在 Project name 文本框中输入项目名 xm1;
- 单击 OK 按钮。

④ 创建源程序文件。选择菜单 File|New,在弹出的 New 对话框中选择 Files 选项卡,完成以下操作:

- 在文件类型区选择 Fortran Free Format Source File 文件类型;
- 选择 Add to project 项,在下方列表框中选择项目 xm1;
- 在 File name 文本框中输入文件名 cx01;
- 单击 OK 按钮。

⑤ 在 cx01.f90 文档窗口输入、编辑源程序代码。

⑥ 编译源程序文件。选择菜单 Build|Compile 或单击 Build MiniBar 工具栏上的按钮。如果有错,则根据提示对照修改,直到生成目标文件。

⑦ 构建可执行程序。选择菜单 Build|Build 或单击 Build MiniBar 工具栏上的按钮。

如果有错,则根据提示对照修改,直到生成可执行文件。

⑧ 运行程序。选择菜单 Build|Execute 或单击 Build 工具栏上的按钮 ! ,得到运行结果。

实验内容 1.2 的上机步骤如下。

做好前期准备工作,本实验内容上机步骤需要在前面实验步骤的基础上完成。工作区 sy01 已经创建,默认情况下,工作区已经打开,如果已经关闭,则将其打开。新项目将在已打开的工作区内创建。

① 创建新项目 xm2,方法同实验内容 1.1。

② 创建源程序文件 cx2.f90。

③ 编译 cx2.f90。

④ 构建生成可执行文件 xm2.exe。

⑤ 运行程序。运行 3 次,分别输入 1、2.5、12.5,得到 3 次运行结果。

实验内容 1.3 的上机步骤与实验内容 1.2 的上机步骤类似。

五、实验小结

本实验是学习 FORTRAN95 程序设计的首次实验,掌握实验内容、熟悉上机环境与步骤对后续实验至关重要。通过本实验,要求读者对 FORTRAN95 软件开发环境有一个全面和清晰的了解,熟练掌握常用菜单和工具按钮的操作,熟悉上机过程。

通过本实验,应重点掌握控制台、解决方案、工作空间、项目、源程序、编译、构建、生成、可执行程序、运行等基本概念。

六、课外练习

利用课余时间完成以下练习,以巩固所学知识。

【练习 1.1】 已知一个圆柱形物体的底边半径和高,求圆柱的体积,并输出。编程实现,其中底边半径和高的值由键盘输入。

【练习 1.2】 已知一个圆锥形物体的底边半径和高,求圆锥的体积,并输出。编程实现,其中底边半径和高的值由键盘输入。

作业要求:

① 创建用户自定义文件夹 zuoye01。

② 在文件夹 zuoye01 内分别创建控制台 xt01 和 xt02,在用户自定义文件夹 zuoye01 内分别创建生成解决方案文件夹 xt01 和 xt02。

③ 在控制台 xt01 内创建源程序文件 cx1.f90,在 xt02 内创建源程序文件 cx2.f90。

④ 生成 xt01.exe 和 xt02.exe,分别执行程序,得到运行结果。

⑤ 完成实验上机报告。

实验2

顺序结构程序设计

EXPERIMENT 2

程序设计语言是一类形式化的人工语言，每种程序设计语言都有其严格的词法、语法和语义规定，对字符集的使用、标识符的命名规则、程序结构的组织、语句次序的排列、程序格式的书写和数据类型的定义等都有明确的要求。不同的程序设计语言其规定和要求有所不同，任何不符合语言规定和要求的程序均为不合法程序(错误程序)。理解和掌握有关程序设计语言的基础知识和基本概念，是学习程序设计方法的重要环节和基本前提。

FORTRAN95 有明确的字符集使用规定、严格的名称描述语法、清晰的程序组织结构、严谨的语句排列次序、灵活的程序书写格式和丰富的数据类型定义。必须首先学习、理解和掌握 FORTRAN95 的这些基础知识和基本概念，为进一步学习 FORTRAN95 程序设计奠定坚实基础。

数据是程序的灵魂，离开了数据，程序就失去了存在的意义。程序设计语言都提供了丰富的数据类型，供用户选择使用。灵活应用语言提供的数据类型来求解各类实际问题，是学习和掌握程序设计的基本要求。为了提高用户程序设计效率和质量，每种程序设计语言还提供了丰富的标准函数，如三角函数、双曲函数、矩阵运算等，用户在程序中可直接使用，完成许多复杂的计算任务。FORTRAN95 预定义了 6 种内部数据类型：整型(INTEGER)、实型(REAL)、双精度型(DOUBLE PRECISION)、复型(COMPLEX)、字符型(CHARACTER)、逻辑型(LOGICAL)，每一种内部数据类型又具有参数化特性(KIND 参数，即类别类型参数)。FORTRAN95 为用户提供了极其丰富的标准函数，达 130

个以上,远多于其他程序设计语言。KIND 参数的引入和标准函数的扩充大大增强了 FORTRAN95 的数据表示和处理能力。

通过设计和编写一些简单的顺序程序,学习和掌握 FORTRAN95 的内部数据类型、KIND 值参数、标准函数等概念,为今后学习和掌握复杂程序设计方法奠定基础。

一、实验目的

1. 掌握 FORTRAN95 的基本知识。

(1) 了解 FORTRAN95 字符集;

(2) 掌握 FORTRAN95 标识符的命名规则和使用要求;

(3) 了解内部数据类型及其 KIND 参数概念;

(4) 掌握常量和变量的概念及其语法规则和变量定义方法;

(5) 掌握符号常量及其定义方法(PARAMETER 语句);

(6) 掌握算术表达式和字符表达式及其求值规则;

(7) 掌握标准函数的功能和使用规则。

2. 掌握 FORTRAN95 程序组织结构和语句排列顺序的基本原则。

3. 掌握 FORTRAN95 的自由书写格式。

4. 掌握顺序结构的概念和顺序结构程序设计方法。

5. 掌握赋值语句的语法规则和基本功能。

6. 掌握表控输入输出的基本功能和使用要求。

7. 进一步熟悉软件开发环境和上机操作步骤。

二、实验内容

【实验内容 2.1】 设 C 代表摄氏温度,F 代表华氏温度,编程完成摄氏度到华氏度的转换,并计算输出摄氏 0 度、100 度、−40 度对应的华氏度。转换公式为:

$$F=\frac{9C}{5}+32$$

【实验内容 2.2】 任意输入一个两位数,求其个位数字和十位数字的和;将个位数字和十位数字互换,求得到的新的两位数。

【实验内容 2.3】 输入 x 和 y 的值,计算$\frac{\ln(x^2+y)}{\sin^2(xy)+1}+32$。

【实验内容 2.4】 已知球的半径为 4,求其表面积和体积。

【实验内容 2.5】 已知 $y=e^{\frac{\pi}{2}x}+\ln|\sin^2 x-\sin x^2|$,其中 $x=\sqrt{1+\tan 52°15'}$,求 y 的值。

三、实验要求

实验课时要求 2 学时。

1. 分析每个实验内容,从中找到已知条件和要实现的求解结果,给出解题思路。
2. 了解算法设计的基本方法,绘制每一个实验内容的流程图。
3. 了解程序编写的基本方法,编写每一个实验内容的程序代码。
4. 创建用户自定义文件夹 shiyan02,创建在 D 盘上。
5. 在文件夹 shiyan02 内分别创建每一个实验内容的控制台 exam1、exam2、exam3、exam4、exam5。
6. 在各自对应的控制台内创建源程序文件 cx1. f90～cx5. f90,输入对应的程序代码。
7. 分别生成可执行文件,执行程序,得到运行结果。
8. 完成上机实验报告。

四、实验步骤

1. 完成前期准备工作,绘制流程图,编写程序。
2. 在 D 盘创建文件夹 shiyan02。
3. 打开 VS2010 集成开发环境。
4. 分别为每一个实验内容创建各自的控制台 exam1～exam5。
5. 分别创建源程序文件 cx1. f90～cx5. f90,输入对应的程序代码。
6. 各自生成可执行文件,执行程序,得到运行结果。
7. 完成上机实验报告。

五、实验小结

本实验是学习、理解和掌握 FORTRAN95 程序设计基本知识和基本语句的一次实验,实验效果对掌握 FORTRAN95 程序设计方法和技术至关重要。

通过本实验,要对 FORTRAN95 语言的基本概念和基础知识有一个完整和准确的理解,初步掌握编写合法 FORTRAN95 程序的基本原则和基本要求。本实验是学习、理解和掌握内部数据类型、常量、变量、表达式、赋值语句、参数语句、标准函数、表控输入输出概念,以及简单顺序程序设计方法的一次实验,实验效果对今后掌握复杂程序设计方法至关重要。通过本实验,学生能够掌握常数的表示和书写、变量的说明和使用、KIND 参数的意义和作用、表达式的功能和作用、函数的功能和应用、表控输入输出语句的功能和应用,初步掌握求解简单计算型问题和编写简单顺序程序的基本方法。通过本实验,学生对算法和流程图有更深入的理解,初步掌握进行问题分析、算法设计、流程图绘制的基本方法。这是编写程序的基本前提,问题分析清楚了,求解算法设计好了,流程图绘制完成了,程序编写就可轻松完成。

六、课外练习

利用课余时间完成以下练习,以巩固所学知识。

【练习 2.1】 某地 2017 年人均年收入为 15 000 元,求:

(1) 如果到 2030 年人均收入翻两番,则年平均增长速度为多少?

(2) 如果年平均增长速度为 5%,几年后人均收入可以翻两番?

【练习 2.2】 有一个底面呈等腰梯形的鱼塘,上底边长为 150m,下底边长为 210m,高为 40m,在鱼塘周围建起了围墙,如实验图 2.1 所示。每平方米鱼塘产鱼 4 千克,每千克鱼的价格为 15 元。编写程序,计算该鱼塘的产量和产值,以及围墙的长度。要求梯形的上底、下底和高的值从键盘输入。

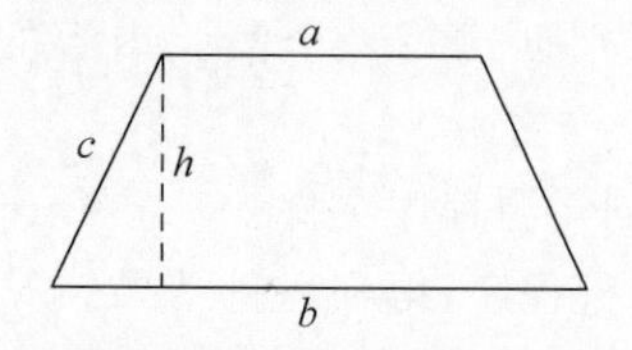

实验图 2.1　鱼塘底面示意图

作业要求:

① 创建用户自定义文件夹 zuoye02,创建在 D 盘。

② 在文件夹 zuoye02 内分别创建控制台 xt01 和 xt02。

③ 分别在控制台内创建对应源程序文件 cx1.f90 和 cx2.f90,输入、编辑源程序。

④ 生成 xt01.exe 和 xt02.exe,分别执行程序,得到运行结果。

⑤ 完成上机实验报告。

实验3

选择结构程序设计

EXPERIMENT 3

前面学习了最简单的顺序结构程序设计，顺序结构由上而下依次执行每一条语句，只能解决简单的问题。在实际问题中常常要根据不同的条件执行不同的语句，具有复杂的逻辑关系，仅使用顺序结构难以编写程序，这就需要引入选择结构(分支结构)。选择结构是体现程序智能化的重要程序结构。

FORTRAN95 提供了丰富的用于实现选择结构的语句，有逻辑 IF 语句、块 IF 结构、多分支块 IF 结构和块 CASE 结构。块 CASE 结构与多分支块 IF 结构在功能上非常相似，但在某些情况下，使用 CASE 结构比使用多分支块 IF 结构更简洁和高效。

本实验是学习和掌握关系表达式、逻辑表达式、选择结构语句、选择结构程序设计方法的一次实验练习。通过本实验，能设计和编写简单的具有选择结构的程序，为学习和掌握更复杂的程序结构和程序设计方法奠定基础。

一、实验目的

1. 熟悉关系表达式和逻辑表达式。

2. 掌握逻辑 IF 语句、块 IF 结构、多分支块 IF 结构、块 CASE 结构的语法规则和使用要求。

3. 掌握嵌套选择结构的使用要求和实现方法。

4. 掌握选择结构的概念和选择结构的程序设计方法。

二、实验内容

【实验内容 3.1】 已知如下公式,从键盘输入 x,求 y 的值。

$$y=\begin{cases}\cos(x+1) & -15<x<0\\ \ln(x^2+1) & 0\leqslant x<10\\ \sqrt[3]{x} & 15\leqslant x<20\\ x^2 & \text{其他}\end{cases}$$

【实验内容 3.2】 判断一个两位整数 M 是否为守形数。所谓守形数是指该数本身等于自身平方的低位数,如 25 是守形数,因为 $25^2=625$,而 625 的低两位为 25。M 由键盘输入。

【实验内容 3.3】 输入三条边长 A、B、C,先判断是否构成三角形,若能构成三角形,则计算三角形三个角 α、β、γ(提示:使用 FORTRAN95 提供的反余弦标准函数 ACOS(x),结果单位为弧度。使用标准函数 ACOSD(x),结果单位为度)。

【实验内容 3.4】 某运输公司在计算运费时,按照运输距离 S 对运费打一定的折扣 D,其标准如下:$S<250$km 时,$D=0$;250km$\leqslant S<500$km 时,$D=2.5\%$;500km$\leqslant S<1000$km 时,$D=4.5\%$;1000km$\leqslant S<2000$km 时,$D=7.5\%$;2000km$\leqslant S<2500$km 时,$D=9.0\%$;2500km$\leqslant S<3000$km 时,$D=12.0\%$;$S\geqslant3000$km 时,$D=15.0\%$。

编写程序,输入基本运费 Price、货物重量 Weight 和距离 S,计算总运费 Freight。其中 Freight=Price * Weight * S * (1−D)。

【实验内容 3.5】 给一个不多于 5 位的正整数,要求:①求出它是几位数;②按逆序打印出每位数字。

三、实验要求

实验课时要求 2 学时。

1. 分析每一个实验内容,从中找到已知条件和要实现的求解结果,给出解题思路。

2. 了解算法设计的基本方法,绘制每一个实验内容的流程图。

3. 了解程序编写的基本方法,编写每一个实验内容的程序代码。

4. 创建用户自定义文件夹 shiyan03,创建在 D 盘上。

5. 在文件夹 shiyan03 内分别创建每一个实验内容的控制台 exam1~exam5。

6. 在各自对应的控制台内创建源程序文件 cx1.f90~cx5.f90,输入对应的程序代码。

7. 分别生成可执行文件，执行程序，得到运行结果。

8. 完成上机实验报告。

四、实验步骤

1. 完成前期准备工作，绘制流程图，编写程序。
2. 在 D 盘创建文件夹 shiyan03。
3. 打开 VS2010 集成开发环境。
4. 分别为每一个实验内容创建各自的控制台 exam1～exam5。
5. 分别创建源程序文件 cx1.f90～cx5.f90，输入对应的程序代码。
6. 各自生成可执行文件，执行程序，得到运行结果。
7. 完成上机实验报告。

五、实验小结

通过本实验，要对选择结构概念和知识有一个完整和准确的理解，掌握关系运算符、逻辑运算符、关系表达式和逻辑表达式等基本知识，熟练掌握编写选择结构 FORTRAN95 程序的基本原则和基本要求。通过本实验，应了解对同一问题可编写不同程序，能灵活应用逻辑 IF 语句、块 IF 结构、多分支块 IF 结构、块 CASE 结构。选择结构程序设计是程序设计的基础之一，必须熟练掌握。

六、课外练习

利用课余时间完成以下练习，以巩固所学知识。

【练习 3.1】 计算税收。如企业产值小于或等于 1000 万元，税率为 3%；企业产值大于 1000 万元小于等于 2000 万元的部分，税率为 5%；企业产值大于 2000 万元、小于或等于 5000 万元的部分，税率为 7%；企业产值大于 5000 万元、小于或等于 1 亿元的部分，税率为 10%；企业产值大于 1 亿元、小于或等于 5 亿元的部分，税率为 14%；企业产值大于 5 亿元的部分，税率为 20%。输入某企业年产值，计算当年应交税值并输出。分别用块 IF 结构和块 CASE 结构来设计程序。

作业要求：

① 创建用户自定义文件夹 zuoye03，创建在 D 盘。

② 在文件夹 zuoye03 内分别创建控制台 xt01 和 xt02。

③ 分别在控制台内创建对应源程序文件 cx1.f90 和 cx2.f90，输入、编辑源程序。

④ 生成 xt01.exe 和 xt02.exe，分别执行程序，得到运行结果。

⑤ 完成上机实验报告。

实验4

循环结构程序设计

EXPERIMENT 4

前面已学习了顺序结构和选择结构两种程序结构，也学习了顺序结构程序设计和选择结构程序设计两种程序设计方法。但是在实际问题中还经常遇到具有重复计算或重复处理的问题，须引入第三种程序结构——循环结构，来解决此类问题。

FORTRAN95 提供了丰富的、用于实现循环结构的语句，有 DO 语句、DO WHILE 语句等。循环结构有“计数型”“当型”和“直到型”三种，需要掌握三种循环结构的特征以及实现循环结构的各种循环语句，还需要掌握三种循环结构之间的等价转换。

循环结构允许嵌套，嵌套的循环结构称为多重循环，即一个循环结构的循环体中包含另一个循环结构，根据实际需要可使用多层嵌套。使用循环控制语句 CYCLE 语句和 EXIT 语句，可在循环体执行过程中提前终止本次循环或者整个循环。这两条语句的使用虽然不符合结构化程序设计思想，但如使用得当，可使程序简洁、短小和高效。

本实验是学习和掌握关系表达式、逻辑表达式、循环结构、循环语句、循环控制语句、循环结构程序设计方法的一次系统实验。通过本实验的练习，首先能够设计和编写简单的、具有循环结构的程序，进而能够设计和编写比较复杂的循环结构程序。

一、实验目的

1. 掌握循环控制条件的描述。
2. 掌握三种循环结构的特征及相互之间的等价转换。
3. 掌握 DO、DO WHILE 语句的语法规则和使用要求。
4. 掌握循环结构的概念和循环结构程序设计方法。
5. 掌握循环控制语句 EXIT 语句和 CYCLE 语句的基本功能和使用规则，以及两者的区别。
6. 掌握循环嵌套结构的概念和应用。
7. 掌握顺序结构、选择结构和循环结构的相互嵌套和综合应用。
8. 掌握设计和编写较复杂程序的基本技能。

二、实验内容

【实验内容 4.1】 利用下式计算 π 的值，并输出。

$$\frac{\pi}{4}=1-\frac{1}{3}+\frac{1}{5}-\frac{1}{7}+\cdots+\frac{1}{4n-3}-\frac{1}{4n-1} \quad (n=1000)$$

【实验内容 4.2】 输入 x，求 $\cos x$ 的近似值。

$$\cos x=1-\frac{x^2}{2!}+\frac{x^4}{4!}-\frac{x^6}{6!}+\cdots(\text{直到最后一项的绝对值小于 }10^{-7}\text{ 为止})$$

【实验内容 4.3】 求满足不等式 $1^2+2^2+3^2+\cdots+n^2>10\,000$ 的最小项数 n。

【实验内容 4.4】 计算 F_{ij} 和 S。

$$F_{ij}=\frac{\sin(X_i+Y_j)}{1+X_iY_j}$$

$$S=\sum_{i=1}^{5}\sum_{j=1}^{10}F_{ij}$$

$$X_i=1,3,5,7,9$$

$$Y_j=2.1,2.2,2.3,\cdots,3.0$$

【实验内容 4.5】 求[2,999]区间内同时满足下列条件的数：

(1) 该数各位数字之和为奇数；

(2) 该数是素数。

【实验内容 4.6】 求满足如下条件的三位数，它除以 9 的商等于它各位数字的平方和。例如 224，它除以 9 的商为 24，而 $2^2+2^2+4^2=24$。

【实验内容 4.7】 求[2,1000]区间内的所有完数。完数是指它所有的因子(不包括该数本身但包括 1)之和等于它本身的数。例如 6 是完数，因为 6=1+2+3。

【实验内容 4.8】 A 的因子之和等于 B，B 的因子之和等于 A，且 $A\neq B$，则称 A、B 为亲密对数。求[2,1000]区间内的亲密对数。

【实验内容 4.9】 如果某数的平方其低位与该数相同，则称该数为守形数。例如 $25^2=625$，而 625 的低位 25 与原数相同，则称 25 为守形数。求[2,1000]区间内的守形数。

【实验内容 4.10】 求 Fibonacci 数列相关的下列数:

(1) 大于 4000 的最小项;

(2) 5000 之内的项数。

三、实验要求

实验课时要求 4 学时。

1. 分析每一个实验内容,从中找到已知条件和要实现的求解结果,给出解题思路。
2. 了解算法设计的基本方法,绘制每一个实验内容的流程图。
3. 了解程序编写的基本方法,编写每一个实验内容的程序代码。
4. 创建用户自定义文件夹 shiyan04,创建在 D 盘上。
5. 在文件夹 shiyan04 内分别创建每一个实验内容的控制台 exam1~exam10。
6. 在各自对应的控制台内创建源程序文件 cx1.f90~cx10.f90,输入对应的程序代码。
7. 分别生成可执行文件,执行程序,得到运行结果。
8. 完成上机实验报告。

四、实验步骤

1. 完成前期准备工作,绘制流程图,编写程序。
2. 在 D 盘创建文件夹 shiyan04。
3. 打开 VS2010 集成开发环境。
4. 分别为每一个实验内容创建各自的控制台 exam1~exam10。
5. 分别创建源程序文件 cx1.f90~cx10.f90,输入对应的程序代码。
6. 各自生成可执行文件,执行程序,得到运行结果。
7. 完成上机实验报告。

五、实验小结

本实验是学习、理解和掌握 FORTRAN95 循环结构和循环结构程序设计的一次实验,实验效果对掌握 FORTRAN95 程序设计方法和技术至关重要。

通过本实验,对 FORTRAN95 语言循环结构的基础知识应有一个完整和准确的理解,掌握编写含有循环结构的 FORTRAN95 程序的基本原则和基本要求,熟练掌握循环结构的分类及它们之间的关系,掌握 DO 循环结构的语法规则和使用要求,掌握 DO WHILE 语句的语法规则和使用要求,掌握循环控制语句,了解逻辑 IF 语句和 GOTO 语句的组合。对循环结构嵌套概念有一个完整和准确的理解,掌握循环结构的综合应用和编写含有多重循环结构程序的基本技能,掌握循环结构的强制性终止语句,掌握循环和分支结构的嵌套应用。

通过本实验,要求对顺序结构、选择结构和循环结构的综合运用熟练掌握,能够设计和编写比较复杂的程序。

六、课外练习

利用课余时间完成以下练习，以巩固所学知识。

【练习4.1】 计算 $a+aa+aaa+\overbrace{a\cdots a}^{n位数}$ 的值，其中 a、n 的值由键盘输入。例如，输入 a 为3、n 为5时，计算 3+33+333+3333+33333 的值。

【练习4.2】 编程输出所有的"玫瑰花数"。如果一个4位数的每一位数字的4次方之和等于它自身，那么称这个4位数为玫瑰花数。

【练习4.3】 计算 $1-\frac{1}{2}+\frac{1}{3}-\cdots+(-1)^{n+1}\frac{1}{n}$，其中 n 为满足不等式 $1^1+2^2+3^3+\cdots+n^n>A$ 的最小项。A 从键盘输入，如输入10 000。

提示：求解本题，先通过"条件型(当型和直到型)"循环结构求最小项数 n，n 为整型数，然后再通过"计数型"循环计算级数之和。计算级数之和时要注意每项的正负变化。

【练习4.4】 公元五世纪末，我国古代数学家张丘建在《算经》中提出了"百钱买百鸡问题"："鸡翁一，值钱五；鸡母一，值钱三；鸡雏三，值钱一。百钱买百鸡，问公鸡、母鸡、小鸡各几何?"意思是：公鸡每只5元，母鸡每只3元，小鸡一元3只。用100元买100只鸡，公鸡，母鸡、小鸡各买多少只？编写程序求解该问题。

提示：求解本题有两个限定条件：其一是所有的鸡共计100只；其二是所有买鸡的钱共计100元。根据这两个条件可列出下面两个方程式，设公鸡、母鸡和小鸡数分别为 x、y、z，则有：

$$\begin{cases}x+y+z=100\\5x+3y+\dfrac{z}{3}=100\end{cases}$$

这是一个三元一次方程组，但是其限定条件也就是方程式只有两个，这就意味着它是一个多解题。求解该问题有多种解法，利用穷举法遍历 x、y、z 的所有组合，用三重循环或两重循环设计算法。

作业要求：

① 创建用户自定义文件夹 zuoye04，创建在D盘上。

② 在文件夹 zuoye04 内分别创建各自的控制台 xt01～xt04。

③ 分别在控制台内创建对应源程序文件 cx1.f90～cx4.f90，输入、编辑源程序。

④ 生成可执行文件，分别执行程序，得到运行结果。

⑤ 完成上机实验报告。

实验5

数据有格式输入输出

EXPERIMENT 5

数据是程序处理的主要对象。一般情况下,在程序中要完成大量的数据输入输出任务,输入输出数据是否简洁、直观、醒目、规范,是评价程序质量的一项重要指标。如何组织数据的输入输出是程序设计时要认真考虑的一项重要工作。FORTRAN95 提供了强大的数据输入输出功能。学习和掌握数据有格式输入输出功能,有助于设计和编写高质量程序。

一、实验目的

1. 了解数据有格式输入输出的主要作用、基本方法和使用规则。
2. 掌握数据有格式输入输出语句(READ、PRINT、WRITE)的基本功能和语法规则。
3. 掌握格式说明语句(FORMAT)的基本功能和语法规则。
4. 掌握 I、F、E、A、L、X、/、\等若干常用格式编辑符的格式要求和基本功能。
5. 掌握数据有格式输入输出的数据组织和格式说明方法。
6. 掌握用隐含 DO 循环对输入输出进行控制的方法。

二、实验内容

【实验内容 5.1】 已知 $M=2000$,为了在屏幕上输出"2000 * * * * *",将下列程序补全并上机运行。

```
M = 2000
PRINT 10,M
10 FORMAT(____________________)
END
```

【实验内容 5.2】 有输入语句"READ 10,I,A,J,B",如果输入的值为:

```
I = 63,A = 76.5,J = 122,B = 156.783
```

那么用下面的 FORMAT 语句应如何输入数据？上机运行,并显示输入方式和输入结果。

(1) 10 FORMAT(I4,F6.2,I5,F8.2)

(2) 10 FORMAT(I4,2X,F6.2,2X,I5,2X,F8.2)

(3) 10 FORMAT(1X,2(I4,2X,2X,F10.2))

(4) 10 FORMAT(I4,F6.2/I5,F8.2)

【实验内容 5.3】 求$\frac{1}{1\times2\times3}+\frac{1}{2\times3\times4}+\cdots+\frac{1}{100\times101\times102}$,要求输出结果保留两位小数。

【实验内容 5.4】 编写程序,打印出以下由 * 构成的等腰三角形图案。

```
    *
   ***
  *****
 *******
*********
```

【实验内容 5.5】 编写程序,打印出以下图案。

```
    1                1
   121              121
  12321            12321
 1234321          1234321
123454321        123454321
```

三、实验要求

实验课时要求 2 学时。

1. 分析每一个实验内容,从中找到已知条件和要实现的求解结果,给出解题思路。
2. 了解算法设计的基本方法,绘制实验内容5.4和实验内容5.5的流程图。
3. 了解程序编写的基本方法,编写每一个实验内容的程序代码。
4. 创建用户自定义文件夹shiyan05,创建在D盘上。
5. 在文件夹shiyan05内分别创建每一个实验内容的控制台exam1～exam5。
6. 在各自对应的控制台内创建源程序文件cx1.f90～cx5.f90,输入对应的程序代码。
7. 分别生成可执行文件,执行程序,得到运行结果。
8. 完成上机实验报告。

四、实验步骤

1. 完成前期准备工作,绘制流程图,编写程序。
2. 在D盘创建文件夹shiyan05。
3. 打开VS2010集成开发环境。
4. 分别为每一个实验内容创建各自的控制台exam1～exam5。
5. 分别创建源程序文件cx1.f90～cx5.f90,输入对应的程序代码。
6. 各自生成可执行文件,执行程序,得到运行结果。
7. 完成上机实验报告。

五、实验小结

本实验是学习、理解和掌握FORTRAN数据有格式输入输出的概念、格式说明方法和格式编辑符功能,以及隐含DO循环程序设计方法的一次实验。通过本实验,学生能够掌握格式说明方法、常用格式编辑符(X、I、F、E、A、\等)功能、FORMAT语句和有格式输入输出语句,掌握输入输出数据格式的组织和设计,初步掌握编写对数据输入输出格式有严格要求的程序的基本方法。

六、课外练习

利用课余时间完成以下练习,以巩固所学知识。

【练习5.1】 输出以下图案。

```
                 1
             7   8
        13  14  15
    19  20  21  22
25  26  27  28  29
    19  20  21  22
        13  14  15
             7   8
                 1
```

【练习 5.2】 输出由 4 个字符 A、B、C、D 组成的以下图形。

```
         A
       B B B
     C C C C C
   D D D D D D D
     C C C C C
       B B B
         A
```

作业要求：

① 创建用户自定义文件夹 zuoye05，创建在 D 盘上。

② 在文件夹 zuoye05 内分别创建各自的控制台 xt01 和 xt02。

③ 分别在控制台内创建对应源程序文件 cx1.f90 和 cx2.f90，输入、编辑源程序。

④ 生成可执行文件，分别执行程序，得到运行结果。

⑤ 完成上机实验报告。

EXPERIMENT 6

实验6

数　　组

数组是 FORTRAN 最重要的结构数据类型之一。许多实际问题往往涉及大量的数据，数组是存储和处理大批量数据的有效工具，有些问题如果不用数组求解将难以解决。

数组是类型相同且有序的一组数据，涉及大量同类型数据处理问题时均可考虑使用数组。本实验是学习和掌握数组说明、数组元素引用、数组输入输出、数组赋初值等的一次系统实验活动。

FORTRAN95 不但提供静态数组，而且还支持动态数组，为求解复杂问题和提高程序运行效率提供了方便。FORTRAN95 提供了丰富的、有关数组运算的标准函数，为问题求解带来了极大方便。

通过本实验，首先要求读者能够熟练设计和编写比较简单的数组应用程序。同时要学习和掌握多维数组、动态数组的应用，从而能够设计和编写比较复杂的数组应用程序。

一、实验目的

1. 理解数组概念。
2. 掌握数组说明、数组元素引用、数组输入输出和数组赋初值的使用规则。
3. 掌握数组的逻辑结构、存储结构及其相互关系。
4. 掌握设计和编写数组应用程序的基本方法和技能。
5. 掌握有关数组运算的常用标准函数。
6. 掌握动态数组的概念和动态数组的说明、存储分配的使用规则。
7. 掌握设计和编写多维数组和动态数组应用程序的能力。

二、实验内容

【实验内容 6.1】 将一个数组的数组元素按逆序重新存放。例如,原来存放顺序为 8,6,5,4,1,要求改为 1,4,5,6,8(要求采用 3 种方法实现)。

【实验内容 6.2】 已知 10 个正整数:10、55、25、70、45、15、25、85、45、35,输入一个待删除整数,在 10 个整数中查找,若有该整数,则将其删除。输出删除前后的整数。

【实验内容 6.3】 输入 6 个整数,放在数组中,数组元素向左循环移位 1、2、3、4、5、6 个位置,从第 1 个元素移动到最后一个元素,结果放在数组中,输出移位前后的结果数据。例如,输入 1、2、3、4、5、6,输出结果如下所示。

```
1  2  3  4  5  6
2  3  4  5  6  1
3  4  5  6  1  2
4  5  6  1  2  3
5  6  1  2  3  4
6  1  2  3  4  5
1  2  3  4  5  6
```

【实验内容 6.4】 采用变化的冒泡排序法将 N 个数按从大到小的顺序排列:对 N 个数,从第 1 个直到第 N 个,逐次比较相邻的两个数,大者放前面,小者放后面,这样得到的第 N 个数是最小的;然后对前面 $N-1$ 个数,从第 $N-1$ 个到第 1 个,逐次比较相邻的两个数,大者放前面,小者放后面,这样得到的第 1 个数是最大的。对余下的 $N-2$ 个数重复上述过程,直至按从大到小的顺序排列完毕。

【实验内容 6.5】 求一个 $m\times n$ 矩阵的转置矩阵。

【实验内容 6.6】 在一个 $m\times n$ 的矩阵 $\mathbf{A}$ 中,求绝对值最大和最小元素所在的行、列位置。并将绝对值最小元素与第 1 行、第 1 列的数组元素交换,将绝对值最大元素与第 m 行、第 n 列的数组元素交换。例如:

$$\mathbf{A}=\begin{pmatrix}25.5 & -21 & 83 & 13.5\\ 31.2 & 63 & 35 & -12.5\\ 27 & 57 & 45.8 & 34\end{pmatrix}$$

【实验内容 6.7】 按以下格式打印出杨辉三角形的前 $N(N\leqslant 10)$行,N 由键盘输入。

提示：使用动态数组实现。

```
1
1  1
1  2  1
1  3  3  1
1  4  6  4  1
1  5  10 10 5  1
```

【实验内容 6.8】 已知一个 $m \times n$ 矩阵,求每行元素之和,将和值最大的行与第一行对调,输出对调前后矩阵。

提示：使用动态数组实现。

三、实验要求

实验课时要求 4 学时。

1. 分析每一个实验内容,从中找到已知条件和要实现的求解结果,给出解题思路。
2. 了解算法设计的基本方法,绘制流程图。
3. 了解程序编写的基本方法,编写每一个实验内容的程序代码。
4. 创建用户自定义文件夹 shiyan06,创建在 D 盘上。
5. 在文件夹 shiyan06 内分别创建每一个实验内容的控制台 exam1～exam8。
6. 在各自对应的控制台内创建源程序文件 cx1.f90～cx8.f90,输入对应的程序代码。
7. 分别生成可执行文件,执行程序,得到运行结果。
8. 完成上机实验报告。

四、实验步骤

1. 完成前期准备工作,绘制流程图,编写程序。
2. 在 D 盘创建文件夹 shiyan06。
3. 打开 VS2010 集成开发环境。
4. 分别为每一个实验内容创建各自的控制台 exam1～exam8。
5. 分别创建源程序文件 cx1.f90～cx8.f90,输入对应的程序代码。
6. 各自生成可执行文件,执行程序,得到运行结果。
7. 完成上机实验报告。

五、实验小结

本实验是学习、理解和掌握数组概念及数组应用的实验。数组应用与循环结构密切相关,使用数组的重要原因之一就是便于使用循环结构处理数据。通过本实验,要求对数组说明、数组元素引用、数组输入输出、数组赋初值有一个完整和准确的理解,掌握数组应用和编写数组应用程序的基本技能。要特别注意数组下标的使用和数组元素的引用。要熟练掌握用隐含 DO 循环实现数组的输入输出。

通过本实验,应对一维数组、二维数组甚至三维数组及其综合应用有深入了解,能够设计和编写较复杂的数组应用程序。

六、课外练习

利用课余时间完成以下练习，以巩固所学知识。

【练习 6.1】 从键盘输入 20 个数，按由小到大的顺序排列后输出。要求输入时每行输入 5 个数，输出时每行输出 10 个数。

【练习 6.2】 把一个数列中所有相同的数删除到只剩下一个。例如，原数列为[1,2,1,2,3,3,4,3,5,4]，应输出数列[1,2,3,4,5]。

【练习 6.3】 求一个 $m \times n$ 矩阵四周元素的和（每个元素只加 1 次）。例如，以下矩阵四周元素的和为 24。

$$\begin{matrix} 1 & 1 & 1 & 1 & 1 & 1 \\ 3 & 4 & 5 & 2 & 2 & 3 \\ 2 & 2 & 2 & 2 & 2 & 2 \end{matrix}$$

【练习 6.4】 从一个正方形矩阵中找出两个对角线上最小元素的所在位置。

作业要求：

① 创建用户自定义文件夹 zuoye06，创建在 D 盘上。

② 在文件夹 zuoye06 内分别创建各自的控制台 xt01～xt04。

③ 分别在控制台内创建对应源程序文件 cx1. f90～cx4. f90，输入、编辑源程序。

④ 生成可执行文件，分别执行程序，得到运行结果。

⑤ 完成上机实验报告。

实验7

EXPERIMENT 7

函数与子程序

函数是 FORTRAN 语言提供的重要功能之一，有标准函数、语句函数和用户自定义函数子程序 3 类。其中标准函数（如正弦函数 SIN、余弦函数 COS、指数函数 EXP、平方根函数 SQRT 等）读者已经了解和掌握，本实验将了解和掌握语句函数的基本内容和使用规则。语句函数主要应用于数值计算，对于比较复杂或频繁出现的表达式计算，适合使用语句函数求解，编写的程序比较简洁和清晰。

子程序是 FORTRAN 的重要功能之一，FORTRAN 允许用户自己定义子程序，允许用户通过子程序设计和编写程序。在设计和编写一个复杂的程序时，通常需要使用科学的程序设计方法，如结构化程序设计方法、模块化程序设计方法、面向对象程序设计方法等，子程序功能完全支持结构化和模块化程序设计方法，结构化和模块化程序设计方法可通过子程序得到应用。使用子程序可提高程序的可读性、可理解性、可维护性和可修改性，是编写高质量、高水平、高效率程序的有效手段。

子程序分为内部子程序和外部子程序。内部子程序是包含在程序单元 CONTAINS 结构中的子程序，只有定义它们的程序单元才能调用和执行它们。外部子程序是出现在主调程序单元之外的子程序，外部子程序和主程序可单独保存在不同的源程序文件中，可分别独立编译。外部子程序可用于大型、复杂的程序设计，可实现多人并行（同时）、协调、合作开发大型复杂程序。使用外部子程序，有时需要在主调程序单元中通过 EXTERNAL 语句声明。子程序包括函数子程序和子例行子程序两类，通常将函数子程序简称为函数，子例行子程序简称为子程序。

递归子程序是从 FORTRAN90 后新增的功能之一，适用于对递归问题的求解。对于递归问题，使用递归子程序求解将大大降低程序设计的难度。一般情况下，应尽可能将求解问题描述成递推或递归问题，以便使用递归子程序求解。递归子程序分为递归函数子程序和递归子例行子程序。递归子程序定义类似于普通子程序，不同之处是在 FUNCTION 或 SUBROUTINE 语句之前增加一个 RECURSIVE 属性关键字前缀。

本实验是学习和掌握 FORTRAN 函数和子程序的一次系统实验。通过本实验，要求读者能够使用语句函数设计和编写程序来求解数值计算问题，能够熟练使用函数子程序、子例行子程序和递归子程序来求解比较复杂的实际问题。

一、实验目的

1. 掌握语句函数的定义及引用方法。
2. 掌握函数子程序(FUNCTION 子程序)的定义及引用方法。
3. 掌握子例行子程序(SUBROUTINE 子程序)的定义及调用方法。
4. 了解递归概念，掌握递归问题的求解方法。
5. 掌握递归子程序的定义、调用、参数传递关系的基本内容和使用规则。
6. 掌握 FORTRAN 子程序的形式参数、实际参数、参数传递的基本内容、使用规则及传递方法。
7. 学习使用公用语句(COMMON 语句)、无名公用区和有名公用区及数据块子程序。
8. 掌握使用子程序并行、协调、合作编写大型复杂程序的方法。

二、实验内容

【实验内容 7.1】 在解决某工程计算问题时，遇到下列函数：

$$y(x)=1+2x+x^2$$

$$y(x)=\frac{x^2}{\sqrt{1+2x+x^2}}$$

$$y(x)=\frac{\ln(1+\sqrt{x})}{1+x^2}$$

$$y(x)=\arctan\frac{x}{\sqrt{1-x^2}}$$

计算 $x=0.1$、$x=0.2$、$x=0.3$ 时上述函数的值，并输出。使用语句函数编写程序。

【实验内容 7.2】 设 $S(m,n,k)=\sum_{i=m}^{n}(i-k)^2$，设计一个计算 S 的函数子程序，并调用该函数子程序计算下列值。

$$S_1 = \sum_{i=1}^{100} i^2$$

$$S_2 = \sum_{i=10}^{100} (i-5)^2$$

【实验内容 7.3】 设计一个函数子程序,将一个数字型字符转换为一个与其相同的数值型数据,并调用该子程序完成以下计算。

(1) 将字符型数据'23456'转换为整型数据 23 456;

(2) 将字符型数据'75.8'转换为实型数据 75.8。

【实验内容 7.4】 设计一个子例行子程序 SORT(A,N,K),其中 A 是一个一维数组,N 是 A 的元素个数,SORT 的功能是:当 $K=1$ 时,将数组 A 按升序排列;当 $K=0$ 时,将数组 A 按降序排列;当 K 为其他数值时,数组 A 保持原序。

【实验内容 7.5】 函数 f 可用以下递推公式描述:

$$f(x,n)=\begin{cases}\dfrac{x}{1+x} & n=1\\[2ex] \dfrac{x}{n+f(x,n-1)} & n>1\end{cases}$$

根据递推公式,自行设计递归函数求解算法。

【实验内容 7.6】 写一个函数,求数组元素之和。在主程序中求 D=(A 数组元素之和)/(B 数组元素之和),P=(A 数组元素之和)×(B 数组元素之和)。A 数组大小为 3×2,B 数组大小为 2×3,通过 COMMON 语句传递给函数。通过数据块子程序给 A、B 数组赋值。

三、实验要求

实验课时要求 4 学时。

1. 分析实验内容,给出解题思路,设计算法,编写程序。
2. 了解程序编写的基本方法,编写每一个实验内容的程序代码。
3. 创建用户自定义文件夹 shiyan07,创建在 D 盘上。
4. 在文件夹 shiyan07 内分别创建每一个实验内容的控制台 exam1～exam6。
5. 在各自对应的控制台内创建源程序文件 cx1.f90～cx6.f90,输入对应的程序代码。
6. 分别生成可执行文件,执行程序,得到运行结果。
7. 完成上机实验报告。

四、实验步骤

1. 设计算法,编写程序。
2. 在 D 盘创建文件夹 shiyan07。
3. 打开 VS2010 集成开发环境。
4. 分别为每一个实验内容创建各自的控制台 exam1～exam6。
5. 分别创建源程序文件 cx1.f90～cx6.f90,输入对应的程序代码。

6. 各自生成可执行文件,执行程序,得到运行结果。

7. 完成上机实验报告。

五、实验小结

本实验主要涉及语句函数、函数子程序、子例行子程序以及递归的应用,实验时要注意语句函数、函数子程序及子例行子程序的定义、调用和参数传递。通过本实验,要求对语句函数、函数子程序、子例行子程序以及递归调用有深入了解,能够熟练使用子程序编写程序。

六、课外练习

利用课余时间完成以下练习,以巩固所学知识。

【练习 7.1】 使用语句函数完成程序编写。求解一元二次方程 $2x^2+3x-2=0$ 的两个实数根并输出。

【练习 7.2】 编写函数子程序,用辗转相除法求两个数的最大公约数。调用此函数求 198 和 72 的最大公约数。

【练习 7.3】 编写子例行子程序求矩阵的转置。要求在主程序中输入矩阵 $\boldsymbol{A}$,调用子程序求 $\boldsymbol{A}$ 的转置矩阵 $\boldsymbol{B}$,在主程序中输出矩阵 $\boldsymbol{A}$、$\boldsymbol{B}$。

【练习 7.4】 已知勒让德多项式:

$$P_n(x)=\begin{cases}1 & n=0\\ x & n=1\\ ((2n-1)P_{n-1}(x)-(n-1)P_{n-1}(x))/n & n>1\end{cases}$$

计算当 $x=4.58$、$n=12$ 时的函数值。使用递归函数求解。x、n 的值从键盘输入。

实验8

文　件

EXPERIMENT 8

数据是程序处理的对象，如何有效组织数据是程序设计的基本要求。文件是有效组织数据的主要手段，也是降低程序与数据耦合度、提高程序与数据独立性的重要方式。一般情况下，一个实用程序都需要用文件组织输入输出数据，提高数据处理的效率。

文件有 3 种存储格式、2 种存取方式、6 种文件类型，根据数据的不同要求、不同特点、不同性质选择使用文件类型。文件对于应用软件的设计非常重要，应熟练掌握和灵活应用文件求解问题。

本实验是学习和掌握文件的一次实验。通过本实验，能够熟练使用文件设计和编写程序，求解比较复杂的数据处理问题。

一、实验目的

1. 了解文件的基本概念(内部文件、外部文件、文件分类、存储格式、存取方式)。

2. 掌握文件的打开(OPEN)、读取(READ)、写入(WRITE)、关闭(CLOSE)、指针定位(BACKSPACE)等内容,重点掌握有格式顺序存取文件的使用。

3. 掌握使用文件设计和编写程序的基本方法。

二、实验内容

【实验内容 8.1】 已知 9 个两位整数:15、18、30、12、25、17、28、24、13,在输入数据文件(in.dat)中存放这批数据,每行 3 个数据。从数据文件读取这批数据,对其进行从小到大排序,将排序结果数据输出到数据文件(out.dat)中,每行 3 个数据。编写程序实现。要求输出结果数据按有格式输出,整数用 I2 编辑,整数之间空 2 格。

输入数据文件内容如下:

```
15  18  30
12  25  17
28  24  13
```

输出数据文件内容如下:

```
12  13  15
17  18  24
25  28  30
```

【实验内容 8.2】 已知输入数据文件 infor.dat 中保存有若干(人数不定)学生信息:姓名、英语成绩、FORTRAN 成绩,每行存放一个学生信息。计算每个学生的平均成绩和每门课程的平均成绩,将每个学生的姓名、英语成绩、FORTRAN 成绩和平均成绩以及每门课程的平均成绩,输出到输出数据文件 outfor.dat 中。

提示:分别定义存放姓名、英语成绩、FORTRAN 成绩、平均成绩的数组,数组元素个数为学生人数。

三、实验要求

实验课时要求 2 学时。

1. 分析实验内容,给出解题思路,设计算法,编写程序。

2. 了解程序编写的基本方法,编写出每一个实验内容的程序代码。

3. 创建用户自定义文件夹 shiyan08,创建在 D 盘上。

4. 在文件夹 shiyan08 内分别创建两个实验内容的控制台 exam1 和 exam2。

5. 在各自对应的控制台内创建源程序文件 cx1.f90 和 cx2.f90,输入对应的程序代码。

6. 分别生成可执行文件,执行程序,得到运行结果。

7. 完成上机实验报告。

四、实验步骤

1. 设计算法,编写程序。

2. 在 D 盘创建文件夹 shiyan08。

3. 打开 VS2010 集成开发环境。

4. 创建控制台 exam1,创建源程序文件 cx1. f90,输入程序,生成可执行文件,执行程序,得到运行结果。

5. 创建控制台 exam2,创建源程序文件 cx2. f90,输入程序,生成可执行文件,执行程序,得到运行结果。

6. 完成上机实验报告。

五、实验小结

本实验主要是练习文件的应用,实验时要注意文件的打开、读取、写入、关闭等操作。通过本实验,要求对文件有深入了解,能够正确地从文件中读取所需数据并将运行结果保存到文件中。

实验9

派生类型与结构体

EXPERIMENT 9

派生类型和结构体是从 FORTRAN90 开始新增的功能之一，适用于求解数据成分比较复杂的数据处理问题，使数据的组织和表示更加方便、灵活。派生类型和结构体的引入，极大地增强了 FORTRAN 的数据描述和处理能力。FORTRAN95 允许用户使用派生类型自定义特定的数据类型，求解复杂的实际问题。派生类型和结构体是组织和表示复杂数据的有效手段，应熟练掌握使用派生类型和结构体求解问题的方法，提高程序设计能力和水平。

本实验是学习和掌握派生类型和结构体的一次实验。通过本实验，能够熟练使用派生类型和结构体设计、编写程序，求解比较复杂的数据处理问题。

一、实验目的

1. 了解派生类型和结构体的概念,掌握复杂数据的组织和表示方法。
2. 掌握派生类型定义、结构体声明、结构体成员引用的基本内容和使用规则。
3. 掌握使用派生类型和结构体设计、编写程序的方法。

二、实验内容

【实验内容 9.1】 某工厂要为 4 辆汽车建立档案,汽车的重要参数有编号、名称、购入年份、价格、完好状态。信息如下所示。

编　号	名　称	购入年份	价格/元	完好状态
QC01	东风	2005	85 000	故障
QC02	解放	2002	92 000	完好
QC03	奥迪	2011	180 000	完好
QC04	别克	2013	350 000	完好

查找使用 5 年以上的完好汽车,并输出汽车的重要参数。使用派生类型设计和编写程序。说明:编号最多 4 个字符,名称最多 8 个汉字,完好状态最多 2 个汉字。

【实验内容 9.2】 已知数据文件 infor.dat 中保存有班级学生信息,包括姓名、英语成绩、FORTRAN 成绩,每行存放一个学生信息。计算每个学生的平均成绩和班级平均成绩,根据每个学生的平均成绩将学生分成 A、B、C 三个等级,大于班级平均成绩 10 分者为 A 等,小于班级平均成绩 10 分者为 C 等,其余为 B 等。输出每个学生的姓名、英语成绩、FORTRAN 成绩、平均成绩、等级,以及班级平均成绩。使用派生类型设计和编写程序。说明:姓名最多 4 个汉字,成绩保留 1 位小数。

三、实验要求

实验课时要求 2 学时。

1. 分析实验内容,给出解题思路,设计算法,编写程序。
2. 了解程序编写的基本方法,编写出每一个实验内容的程序代码。
3. 创建用户自定义文件夹 shiyan09,创建在 D 盘上。
4. 在文件夹 shiyan09 内分别创建两个实验内容的控制台 exam1 和 exam2。
5. 在各自对应的控制台内创建源程序文件 cx1.f90 和 cx2.f90,输入对应的程序代码。
6. 分别生成可执行文件,执行程序,得到运行结果。
7. 完成上机实验报告。

四、实验步骤

1. 设计算法,编写程序。
2. 在 D 盘创建文件夹 shiyan09。
3. 打开 VS2010 集成开发环境。

4. 创建控制台 exam1，创建源程序文件 cx1.f90，输入程序，生成可执行文件，执行程序，得到运行结果。

5. 创建控制台 exam2，创建源程序文件 cx2.f90，输入程序，生成可执行文件，执行程序，得到运行结果。

6. 完成上机实验报告。

五、实验小结

本实验的主要目的是掌握派生类型和结构体的应用，实验时要注意派生类型的定义、结构体声明和结构体成员引用。

通过本实验，学生对派生类型和结构体有深入了解，能够熟练使用派生类型和结构体设计和编写程序，对数据处理有一定认识。

六、课外练习

利用课余时间完成以下练习，以巩固所学知识。

【练习9.1】 编写班级成绩考评程序，完成下列操作。

(1) 采用数据文件输入某班级30名同学的学号及5门课程的成绩；

(2) 求出每名同学的总分，统计各门课程的平均分；

(3) 统计各门课程中高于和低于平均分的人数；

(4) 按总分高低排出名次，在文件中输出名次、学号及总分(按学号顺序输出)；

(5) 分数查询。输入某一同学的学号，输出该学生的名次、各门课程的成绩及总分。

实验10

指　　针

EXPERIMENT 10

指针是自 FORTRAN90 开始新增的功能之一，是现代程序设计语言的重要特征，用于实现动态数据结构，如链表、树结构、图结构等。指针和动态数据结构对于应用软件的设计非常重要，熟练掌握和灵活应用指针和动态数据结构，可编写简洁、高效、紧凑的程序。

指针和动态数据结构的应用可减少存储空间的浪费，提高程序的灵活性，但程序设计难度相对其他数据类型更大，需要投入更多的时间和精力学习、掌握指针与动态数据结构的概念及其应用。

本实验是学习和掌握指针与链表的一次实验。通过本实验，能够熟练使用指针和动态数据结构设计和编写程序，求解比较复杂的数据处理问题。

一、实验目的

1. 了解指针和动态数据结构的概念，掌握指针的存储结构和访问方式。

2. 掌握指针声明、指针赋值、指针引用的基本内容和使用规则。

3. 了解别名指针和整型指针的基本含义和异同点，掌握别名指针和整型指针的使用方法和使用规则。

4. 了解链表的特点。

5. 掌握使用指针和链表设计和编写程序的基本方法。

二、实验内容

【实验内容 10.1】 从键盘输入 5 个整数，使用指针对其进行从小到大排序，并输出排序前后的整数。

提示：定义 5 个整型目标变量及 5 个指向目标变量的指针变量。或定义包含 5 个整型元素的数组及指向目标数组的指针数组。本题求解算法比较简单，主要是了解和掌握指针概念，以及指针与非指针的不同之处。

【实验内容 10.2】 已知 8 个学生的学号、英语成绩、FORTRAN 成绩，计算每个学生的平均成绩，并统计平均成绩大于或等于 90 分的优秀学生人数，输出每个学生的学号、英语成绩、FORTRAN 成绩，以及优秀学生人数。编写程序实现。要求数据从键盘输入，使用派生类型、结构体、指针、结构体指针数组实现。

【实验内容 10.3】 编写程序，建立一个单向链表，节点包含一个整型数据，链表至少包括 3 个节点，完成链表的输入与删除操作。

三、实验要求

实验课时要求 4 学时。

1. 分析实验内容，给出解题思路，设计算法，编写程序。

2. 了解程序编写的基本方法，编写出每一个实验内容的程序代码。

3. 创建用户自定义文件夹 shiyan10，创建在 D 盘上。

4. 在文件夹 shiyan10 内分别创建每一个实验内容的控制台 exam1～exam3。

5. 在各自对应的控制台内创建源程序文件 cx1. f90～cx3. f90，输入对应的程序代码。

6. 分别生成可执行文件，执行程序，得到运行结果。

7. 完成上机实验报告。

四、实验步骤

1. 设计算法，编写程序。

2. 在 D 盘创建文件夹 shiyan10。

3. 打开 VS2010 集成开发环境。

4. 分别为每一个实验内容创建各自的控制台 exam1～exam3。

5. 分别创建源程序文件 cx1. f90～cx3. f90，输入对应的程序代码。

6. 各自生成可执行文件,执行程序,得到运行结果。
7. 完成上机实验报告。

五、实验小结

本实验的主要目的是掌握指针的基本概念和应用,实验时要注意指针的声明、引用和赋值。通过本实验,能够对指针有深入了解,能够熟练使用指针设计和编写程序,能够使用单向链表,对动态数据结构有一定了解。

六、课外练习

利用课余时间完成以下练习,以巩固所学知识。

【实验内容 10.1】 用链表完成学生信息的管理。已知学生信息包括姓名、学号和一门课的成绩。建立包括 n 个学生节点的链表(n 由键盘输入),完成按学号的排序、插入、查找和删除等操作。由菜单项选择操作。

实验 11

模　块

EXPERIMENT 11

模块是自 FORTRAN90 后为适应面向对象程序设计方法新增的功能，是 FORTRAN 中很重要的一项添加功能。模块的作用主要体现在把具有相关功能的函数及变量封装在一起，支持特性继承、操作重载等面向对象操作。在共享数据时提高了数据的安全性，同时可通过继承来重复使用程序代码。

本实验的目标是学习和掌握模块的基本概念。通过本实验，能够使用模块设计和编写程序，求解比较复杂的问题。

一、实验目的

1. 掌握模块的基本概念和使用规则。
2. 了解面向对象程序设计方法的基本概念。
3. 掌握接口界面块的使用规则。
4. 掌握函数、子例行子程序和操作符的重载方法。
5. 掌握使用模块设计和编写程序的方法。

二、实验内容

【实验内容 11.1】 使用模块知识编写求正方矩阵对角线元素的和的程序(要求：在主程序中通过动态数组输入需要求和的数组)。

【实验内容 11.2】 设函数 $f(x)=\begin{cases}1+\sqrt{1+x^2} & x<0\\ 0 & x=0\\ 1-\sqrt{1+x^2} & x>0\end{cases}$，编写函数子程序和主程序，求 x 值分别为 0.5、sqrt(15)、sin(0.3)时的函数值。

提示：创建内部函数 sqrt(x)的重载，使其能够计算整型数据的平方根。

【实验内容 11.3】 统计某钟点工的总工作时间，以小时和分钟计时。编写程序实现加法运算符重载，使其能够计算时间的加法。如 1h 20min 加 2h 45min 的结果是 4h 5min。

三、实验要求

实验课时要求 4 学时。

1. 分析实验内容，给出解题思路，设计算法，编写程序。
2. 了解程序编写的基本方法，编写出每一个实验内容的程序代码。
3. 创建用户自定义文件夹 shiyan11，创建在 D 盘上。
4. 在文件夹 shiyan11 内分别创建每一个实验内容的控制台 exam1～exam3。
5. 在各自对应的控制台内创建源程序文件 cx1.f90～cx3.f90，输入对应的程序代码。
6. 分别生成可执行文件，执行程序，得到运行结果。
7. 完成上机实验报告。

四、实验步骤

1. 设计算法，编写程序。
2. 在 D 盘创建文件夹 shiyan11。
3. 打开 VS2010 集成开发环境。
4. 分别为每一个实验内容创建各自的控制台 exam1～exam3。
5. 分别创建源程序文件 cx1.f90～cx3.f90，输入对应的程序代码。
6. 各自生成可执行文件，执行程序，得到运行结果。
7. 完成上机实验报告。

五、实验小结

本实验的主要目的是掌握模块的基本概念和应用，实验时要注意模块的定义和引用。通过本实验，能够对模块和面向对象程序设计方法有一定的了解，能够使用模块设计和编写程序，能够实现函数、子例行子程序和操作符的重载。

六、课外练习

利用课余时间完成以下练习，以巩固所学知识。

【练习 11.1】 使用模块定义一个本科生类 STUDENT，包含的数据成员有姓名、性别、课程门数和各门课程分数，包括的模块过程有构造函数，计算平均分函数，打印姓名、性别和平均分的子例行子程序。在主程序中定义本科生类的对象，输入 3 个本科生类的对象，分别有 4、5、6 门课程及分数，分别打印他们的姓名、性别和平均分。

实验12

常用数值计算方法

EXPERIMENT 12

综合应用前面所学知识进行一些常用算法的程序设计，主要包括数值积分、一元方程求根、矩阵分解和线性方程组求解及解微分方程。这些问题在计算机解题过程中经常遇到，通过它们进一步学习程序设计的方法和技巧，并在此基础上举一反三。

本实验是对前面所学内容的一次总结。通过本实验，要求掌握常用的数值计算方法的程序应用。

一、实验目的

1. 掌握数值积分的近似算法。
2. 掌握求解一元方程根的多种算法。
3. 掌握常用线性代数的数值方法。

二、实验内容

【实验内容 12.1】 用矩形法、梯形法和辛普森法分别求 $\int_a^0 (1+e^x)dx$ 。当积分区间为[1.0,2.0]时，根据不同的区间数 100、1000、10000 求定积分的值。要求精确到小数点后 6 位。

【实验内容 12.2】 用牛顿迭代法求方程 $f(x)=2x^3-4x^2+3x-7=0$ 在 $x=2.5$ 附近的实根，直到满足 $|x_n-x_{n-1}|\leqslant 10^{-16}$ 为止。

【实验内容 12.3】 试用二分法求方程 $\sin(2x)+x-1.9=0$ 在区间[1,2]的一个实根 x。

【实验内容 12.4】 将矩阵 $\begin{bmatrix} 3 & 2 & 1 \\ 2 & 1 & -1 \\ 1 & -4 & 5 \end{bmatrix}$ 转换为上三角矩阵和下三角矩阵并输出。

【实验内容 12.5】 利用 Gauss-Jordan 法求下列三元一次方程组：

$$\begin{cases} 2x+y+3z=1 \\ 3x-2y+2z=2 \\ -4x+4y-z=-1 \end{cases}$$

三、实验要求

实验课时要求 4 学时。

1. 分析实验内容，给出解题思路，设计算法，编写程序。
2. 了解程序编写的基本方法，编写出每一个实验内容的程序代码。
3. 创建用户自定义文件夹 shiyan12，创建在 D 盘上。
4. 在文件夹 shiyan12 内分别创建每一个实验内容的控制台 exam1～exam5。
5. 在各自对应的控制台内创建源程序文件 cx1.f90～cx5.f90，输入对应的程序代码。
6. 分别生成可执行文件，执行程序，得到运行结果。
7. 完成上机实验报告。

四、实验步骤

1. 设计算法，编写程序。
2. 在 D 盘创建文件夹 shiyan12。
3. 打开 VS2010 集成开发环境。
4. 分别为每一个实验内容创建各自的控制台 exam1～exam5。

5. 分别创建源程序文件 cx1.f90～cx5.f90，输入对应的程序代码。

6. 各自生成可执行文件，执行程序，得到运行结果。

7. 完成上机实验报告。

五、实验小结

通过本实验，要求掌握数值积分、一元方程求根、矩阵分解和线性方程组求解的应用，掌握常用数值计算方法的设计和编程。

第3部分

模拟测试

模拟测试 1

一、选择题(在每小题给出的 4 个答案选项中只有一项是正确的,写出正确的选项。每题 1 分,共 30 分)

1. FORTRAN95 自由格式源程序的扩展名是________。

A. .for　　B. .f90　　C. .for90　　D. .f

2. 下列关于算法的论述中,不正确的是________。

A. 一个算法应包含有限个执行步骤,但每一步的完成时间无限制

B. 算法的含义应当是唯一的,而不应当产生“歧义性”

C. 算法中的每一个步骤都应当被有效地执行,并得到确定的结果

D. 一个算法允许有若干输入输出

3. 下列名称中合法的变量名是________。

A. a(1)　　B. a.1$c　　C. a*1　　D. a_1$c

4. 与数学表达式$\frac{-b+\sqrt{b^2-4ac}}{2a}$对应的正确的 FORTRAN95 表达式是________。

A. -B+SQRT(B**2-4*A*C)/2*A

B. -B+SQRT(B**2-4AC)/(2*A)

C. (-B+SQRT(B**2-4*A*C))/2A

D. (-B+SQRT(B**2-4*A*C))/2/A

5. 下列函数用法中错误的是________。

A. N=INT(A)　　B. T=SQRT(4)

C. Y=MAX(A1,A2,A3)　　D. K=MOD(A1,A2)

6. 下列选项中,合法的 FORTRAN 常量是________。

A. 3,57　　B. 3.57E2.1　　C. '3,57E2.1'　　D. (3.57,E*1.2)

7. 下列数据类型中,不属于 FORTRAN 语言内部数据类型的是________。

A. 整型　　B. 字符型　　C. 数组类型　　D. 逻辑型

8. FORTRAN 中不同级别类型的数据做算术运算时,须先将级别低的转换为级别高的类型,然后进行计算,结果类型为级别高的。下列类型中级别最高的类型是________。

A. 类别类型参数 KIND=4 的实型

B. 双精度实型

C. 类别类型参数 KIND=4 的复型

D. 双精度复型

9. FORTRAN95 自由格式规定,多行语句写在一行时用作语句分隔标志的是________。

A. &　　B. ;　　C. !　　D. ,

10. FORTRAN 的逻辑运算符有________个。

A. 3　　　　B. 4　　　　C. 5　　　　D. 6

11. 下列表达式中值为. TRUE. 的是________。

A. . NOT. (. TRUE. . OR. . TRUE. . AND. . FALSE.)

B. . NOT. . FALSE. . AND. . FALSE.

C. . NOT. (. FALSE. . AND. . TRUE.)

D. . NOT. . FALSE. . AND. . TRUE. . EQV. . FALSE.

12. 以下程序不用第三个变量,将两个变量的值进行互换操作,正确的一组操作是________。

```
INTEGER A,B
READ * ,A,B
A = ___①___
B = ___②___
A = ___③___
PRINT * ,A,B
END
```

A. ① A * B　② A/B　③ B/A

B. ① A * B　② A/B　③ A/B

C. ① A+B　② A−B　③ B−A

D. ① A+B　② A−B　③ A−B

13. 设 A 的值为 1.0,执行________程序段后 B 的值为 3.0。

A. IF(A <=1.0)B=1.0
IF(A > 1.0)B=2.0
IF(A < 2.0)B=2.0

B. B=1.0
IF(A < 1.0)B=1.0

C. B=1.0
IF(A >=1.0)B=2.0
IF(A >=2.0)B=3.0
IF(A <=3.0)B=3.0

D. IF(A >=1.0)B=2.0
IF(A >=2.0)B=3.0

14. 阅读下列 FORTRAN 程序:

```
I = 1; J = 1; M = 4; N = 4
IF(I = = 1)THEN
    IF(J = = 0)THEN
        M = M + 1
    ELSE IF(J = = 1)THEN
        N = N + 1
    END IF
ELSE
    M = M + 1
    N = N - 1
END IF
PRINT * , M, N
END
```

执行上述程序后,输出的结果为________。

A. 4　4　　　　B. 4　5　　　　C. 5　4　　　　D. 5　3

15. 关于 FORTRAN95 的块 IF 结构,以下说法中正确的是________。

A. 块 IF 结构中 THEN 块或 ELSE 块不能是空块

B. 块 IF 结构中至少有一个 ELSE IF 语句或 ELSE 语句

C. 每一个 ELSE IF 语句要有一个对应的 ENDIF 语句

D. 一个块 IF 结构中只能有一个 ENDIF 语句

16. 阅读以下程序段：

```
CHARACTER A
A = CHAR(ICHAR('b') + ICHAR('A') - ICHAR('a'))
PRINT * , A
```

输出的 A 为________。

A. A　　B. a　　C. B　　D. b

17. 对于 DO 语句“DO I=1.5,5,2”,可计算出循环次数为________。

A. 1 次　　B. 2 次　　C. 3 次　　D. 4 次

18. 下列程序执行后,输出的结果为________。

```
K = 0
DO I = 1,10
  K = I
ENDDO
PRINT * , K,I
END
```

A. 10, 10　　B. 10, 11　　C. 0, 11　　D. 0, 10

19. 下列程序中,第________行语句有错误。

```
1  PROGRAM P01
2  INTEGER:: I,S = 0
3  DO I = 10,1, - 2
4    I = I * I
5    S = S + I
6  ENDDO
7  END PROGRAM
```

A. 2　　B. 3　　C. 4　　D. 7

20. EXIT 语句的使用范围只能在________。

A. 块 IF 结构内　　B. DO 循环结构内

C. 块 CASE 结构内　　D. WHERE 结构内

21. 已知数组说明“REAL A(4,5)”,数组元素 A(2,3)是数组的第________个元素。

A. 7　　B. 8　　C. 9　　D. 10

22. 下列有关 FORTRAN95 数组的说法中,正确的是________。

A. 数组定义语句只能定义一维或二维数组

B. 数组元素下标不能出现负值

C. 程序中使用的数组必须进行说明

D. 在同一程序单元中,数组名可以与变量名相同

23. 有语句为：

```
INTEGER  A(2,3)
READ * ,A
```

如果从键盘输入的数据是“10,20,30,40,50,60”,则 A 数组的逻辑结构是________。

A. 10　20　30
　 40　50　60

B. 10　30　50
　 20　40　60

C. 10　20
　 30　40
　 50　60

D. 10　40
　 20　50
　 30　60

24. 下列程序的输出结果是________。

```
INTEGER:: M(3,3),S = 0
DATA M/1,2,3,4,5,6,7,8,9/
DO K = 1,3
  DO J = 1,K
    S = S + M(K,J)
  ENDDO
ENDDO
PRINT * ,S
END
```

A. 45　　B. 40　　C. 34　　D. 26

25. 已知 A、B、C 为实型变量,IA 为包含 5 个元素的整型数组,则下列赋值语句中正确的是________。

A. DATA　IA(5),A,B,C/8 * 1.0/

B. DATA　A,B,C/3 * 1.0/,IA/5 * 1/

C. DATA　IA/5 * 1/,A+B,C/2.0,3.0/

D. DATA　A,B,C/3 * 1.0/,IA(5)/5 * 1/

26. 下列语句中函数定义正确的是________。

A. F(X,Y(I))=SIN(X)+Y(I)　　B. F(X,X)=X ** 2-Y+2

C. F(X,2)=X ** 2+2　　D. F(X,Y)=X+Y+MAX(X,Y)

27. 有如下 FORTRAN 子程序:

```
SUBROUTINE  SUB(K,A)
A = K + 2
END
```

下列调用语句中正确的是________。

A. CALL SUB(N,N)　　B. CALL SUB(X,X)

C. CALL SUB(N+2,X)　　D. CALL SUB(N,X+3)

28. COMMON 语句的功能是________。

A. 给同一程序模块中的若干变量分配同一存储单元

B. 给不同程序模块中的变量分配相同的存储单元

C. 只能给不同程序模块中的相同名字的变量分配相同的存储单元

D. 给同一程序模块中的相同类型变量分配相同存储单元

29. 有如下定义:

```
TYPE STUDENT
  INTEGER NUM
  CHARACTER * 10 NAME
```

```
  REAL SCORE
END TYPE
TYPE(STUDENT):: STU
```

结构体变量 STU 占据内存单元字节数是________。

A. 4　　B. 12　　C. 18　　D. 不确定

30. 下列叙述中不正确的是________。

A. 所谓打开文件就是实现文件与设备的连接

B. 读取文件是将数据从文件传送到内存

C. 写入文件是将数据从内存传送到文件

D. 一个 OPEN 语句可以打开多个文件

二、填空题(每空 2 分,共 20 分。请将以下程序空缺补充完整)

1. 输入一个三位整数,将它反向输出,如输入 123,输出 321。

```
READ * ,N
I1 = ____(1)____
I2 = ____(2)____
I3 = MOD(N,10)
M = I1 + I2 * 10 + I3 * 100
PRINT * ,M
END
```

2. 求 1～100(包括 100)的全部偶数之和。

```
INTEGER I,S
S = ____(3)____
DO I = 1,100
      IF(____(4)____)CYCLE
  S = S + I
ENDDO
PRINT * ,S
END
```

3. 求[2,100]区间内的素数。所谓素数是指只能被 1 和自身整除而不能被其他数整除的整数(除 1 以外)。完成下列程序:

```
INTEGER:: M
DO M = 2,100
  J = INT(SQRT(1.0 * M))
  DO I = 2,J
    IF(MOD(M,I) = = 0)____(5)____
  ENDDO
  IF(____(6)____) PRINT * , M
ENDDO
END
```

4. 在主程序中输入 10 个数据,调用排序子程序利用冒泡法把输入的一列无序的数据按由小到大的顺序排列。完成下列程序:

```
____(7)____
INTEGER A(N)
READ * , A
____(8)____
PRINT * ,A
```

```
END
SUBROUTINE SORT(A, N)
INTEGER A(N)
DO K = 1,N - 1
  DO J = 1,____(9)____
    IF(____(10)____) THEN
       TEMP = A(J)
       A(J) = A(J + I)
       A(J + 1) = TEMP
    ENDIF
  ENDDO
ENDDO
PRINT * ,A
END
```

三、阅读程序,写出程序的运行结果(每题 3 分,共 15 分)

1.
```
S = 0
F = 1
DO K = 1,3
  F = F * K
  S = S + F
ENDDO
PRINT * ,F,S
END
```

2.
```
CHARACTER A(4)
DATA A/'1','2','3','4'/
DO I = 1,4
  PRINT * ,(A(J),J = 1,I)
ENDDO
END
```

3.
```
PARAMETER (N = 3)
INTEGER A(N,N),S
DATA A/1,2,3,4,5,6,7,8,9/
S = 0
DO I = 1,N
  S = S + A(I,I)
ENDDO
PRINT * , S
END
```

4.
```
INTEGER A(2,3)
DATA A/1,2,3,4,5,6/
PRINT 100,A
PRINT 200,((A(I,J),J = 1,3),I = 1,2)
100 FORMAT(1X,2I3)
200 FORMAT(1X,3I3)
END
```

5.
```
EXTERNAL P
CALL  S (P,1.0,2.0,T)
PRINT * ,T
END

FUNCTION P (X,Y)
  P = X * 2 + Y * Y
```

```
END

SUBROUTINE S (F,A,B,C)
  C = F (A,B)
  C = F (B,C)
END
```

四、编程题(第 1 小题 7 分,第 2 小题 8 分,第 3、4 小题各 10 分,共 35 分)

1. 从键盘输入 x 的值,求 y 的值。

$$y=\begin{cases} e^{2\sqrt{|x|}}+\cos(x) & x<0 \\ 2 & x=0 \\ \dfrac{x}{\sqrt{1+x^2}} & x>0 \end{cases}$$

2. 编写程序,计算 $1+1+3+1+3+5+1+3+5+7+\cdots+(1+3+5+7+\cdots+n)$,运行程序时从键盘上输入 n 的值。

3. 编程求出[2,10000]区间内的所有“完数”。所谓“完数”是指除自身之外的所有因子之和等于该数的数。如 28 是一个完数,因为 28 的因子有 1、2、4、7、14,且 $28=1+2+4+7+14$。

4. 一维数组 A 中存放了 N 个正整数,要求找出 N 个数中的最大值和最小值,并输出两者之差。

模拟测试 2

一、选择题(在每小题给出的 4 个答案选项中只有一项是正确的,写出正确的选项。每题 1 分,共 30 分)

1. 下列叙述正确的是________。

A. FORTRAN 语言属于高级语言

B. 程序设计语言是全部计算机指令的集合

C. 高级语言程序能被计算机直接识别、理解和执行

D. FORTRAN95 语言具有模块化、结构化和面向对象三种特征

2. 在 Visual Fortran 中,运行一个 FORTRAN 程序的步骤是________。

A. 编译、编辑、链接、运行　　B. 编译、链接、编辑、运行

C. 编辑、编译、运行、调试　　D. 编辑、编译、链接、运行

3. 下列自由格式 FORTRAN 语句不正确的是________。

A. X=3.0;J=3　　B. R=2.0!　R 为圆的半径

C. A=2 * 4 * COS(X * 3.1415926/180)　　D. N=N+1

4. 下列标识符正确的是________。

A. Number_$　　B. _area　　C. 3xyz　　D. Lzjtu_$ *

5. 与数学表达式$\frac{b-\sqrt{b^2-4ac}}{2\ln x}$对应的正确的 FORTRAN95 表达式是________。

A. B-SQRT(B * B-4 * A * C)/2 * LN(X)

B. (B-SQRT(B ** 2-4 * A * C))/(2 * LOG(X))

C. (B-SQRT(B ** 2-4 * A * C))/(2 * LN(X))

D. (B-SQRT(B ** 2-4 * A * C))/2 * LOG(X)

6. 设变量 A、B、I、J、K 的类型符合 I-N 规则,且 $A=5.0$,$B=2.0$,$I=7$,$J=5$,$K=2$,则表达式 I/J * A/B * K 的值为________。

A. 7.0　　B. 5　　C. 5.0　　D. 7

7. 下列程序段运行后输出的结果是________。

```
INTEGER M,N
REAL X,Y
M = 5/2
N = 5.0/2
X = 5/2
Y = 5.0/2
PRINT * ,M,N,X,Y
END
```

A. 2.5 2 2.5 2.5　　B. 2 2 2.0 2.0　　C. 2 2 2.0 2.5　　D. 2 2 2.5 2.5

8. 下列________是 FORTRAN95 的合法常量。

A. 129_1　　B. 796_3

C. 12.5_3　　D. 'I' 'm a student. '

9. 下列 FORTRAN95 的运算符中优先级最高的是________。

A. +　　B. ==　　C. .AND.　　D. **

10. 阅读下列程序：

```
READ( * ,10)K,J,A
10  FORMAT((2I3,3X),E5.2)
END
```

执行语句时，从键盘输入 876－42193671E4 后，A=________。

A. 193.67　　B. 19367　　C. 67100.0　　D. 6.71

11. 设 $A=2.5$，$B=7.5$，$C=5.0$，$D=6.0$，$L=$.TRUE.，$M=$.FALSE.，则下列 FORTRAN 表达式中值为.TRUE.的是________。

A. A==3.5.AND.A+B<C+D　　B. C>D.OR.(.NOT.(A+B<D))

C. A<B.AND.B<A　　D. .NOT.L.OR.C==D.AND.M

12. 已定义 A 为整型变量，正确表达数学关系 $11<A<15$ 的 FORTRAN 表达式是________。

A. 11<A<15　　B. A>11.OR.A<15

C. .NOT.(A<=11.AND.A>=15)　　D. A>11.AND.A<15

13. 对于 DO 语句" DO I=13,3,－2"，可计算出循环次数为________次。

A. 8　　B. 7　　C. 6　　D. 5

14. 下列程序执行后，输出的结果为________。

```
K = 0
DO I = 1,5
  DO J = I - 1, 4
   K = K + 1
  ENDDO
  L = I
ENDDO
PRINT * , K, I, L
END
```

A. 15，6，5　　B. 20,6,5　　C. 15，5，5　　D. 20，4,6

15. 对于包含 12 个整型数据的数据序列，采用简单交换排序法，最多需要比较________次。

A. 1　　B. 144　　C. 11　　D. 66

16. 已知数组 A 定义如下：

```
INTEGER A(10)
```

要存储该数组需要的内存单元大小为________字节。

A. 40　　B. 20　　C. 30　　D. 10

17. 比较 4 个字符串"FORTRAN"、"FOLLOW"、"FOREVER"、"FORMAT"，其中最大的是________。

A. FORMAT　　B. FOREVER　　C. FOLLOW　　D. FORTRAN

18. 已知有下列变量定义：

```
IMPLICIT REAL(M)
IMPLICIT INTEGER(A)
INTEGER C,M
```

则下列关于变量类型的说明正确的是________。

A. 变量 M1 的类型为 INTEGER　　B. 变量 M 的类型为 REAL

C. 变量 A5 的类型为 INTEGER　　D. 变量 C3 的类型为 INTEGER

19. 已知 M 为三位数的整型变量,则下列表达式不能得到 M 的十位数字的是:________。

A. MOD(M/10,10)　　B. MOD(MOD(M,100),10)

C. (M－M/100 * 100)/10　　D. MOD(M,100)/10

20. 以下不能正确求出分段函数值 $y=\begin{cases}-1 & x<0\\ 0 & x=0\\ 1 & x>0\end{cases}$ 的语句段是________。

A.
```
Y = 0
IF (X>= 0) THEN
    IF (X>0) THEN
      Y = 1
    ELSE
      Y = -1
    ENDIF
ENDIF
```

B.
```
IF (X>= 0) THEN
   IF(X>0) THEN
        Y = 1
   ELSE
     Y = 0
   ENDIF
ELSE
     Y = -1
ENDIF
```

C.
```
Y = 0
IF(X>0) Y = 1
IF(X<0) Y = -1
```

D.
```
IF(X>0) THEN
     Y = 1
ELSE IF(X == 0) THEN
   Y = 0
ELSE IF (X<0) THEN
   Y = -1
ENDIF
```

21. 下列关于 Compaq Visual Fortran 6 文件扩展名的说明,不正确的是________。

A. 工作空间文件扩展名为.dsw　　B. 自由格式源文件扩展名为.for

C. 目标文件扩展名为.obj　　D. 项目空间文件扩展名为.dsp

22. 下列选项说法正确的是________。

A. ""==""

B. 'a'=='A'

C. STRING(M:N)是从字符串 STRING 的 M 位开始取到 N 位结束的 $N-M+1$ 子串

D. 字符串'I''m a teacher.'长度为 15

23. 下列关于数组的说法错误的是________。

A. 数组 A(－1:1,5)元素个数为 10 个

B. 二维数组其存储结构为线性表

C. 二维数组在内存中按列存储

D. 在 FORTRAN95 中数组元素下标可以是负数或零

24. 下列函数定义语句正确的是________。

A. F(I,J,I)＝3＊I＋J＊＊3＋4

B. F(X,Y)＝X＊＊Y

C. F(A,B,C(I))＝SIN(A)＋SIN(B)＋C(I)

D. F(A,B,C)＝A＊＊B＋S(A＊A,B,C)

25. 下列关于子程序的说法正确的是________。

A. 函数子程序有返回值,调用时可以作为一条语句

B. 当虚参数量为零时,函数子程序调用时可以省略括号

C. 子例行子程序没有返回值,故不能与主调程序实现数据传递

D. 子程序调用时,实参数量与虚参数量必须相同,且类型必须一一对应

26. 下列程序执行后,输出的结果为________。

```
INTEGER A(16)
DO I = 1,16
   A(I) = I
END DO
P = 0
CALL SUB(A,P)
PRINT *,P
END
SUBROUTINE SUB(B,S)
INTEGER B(4,4)
DO I = 1,4
  DO J = 1,4
    IF(MOD(I + J,3) = = 0)S = S + B(I,J)
  ENDDO
ENDDO
END
```

A. 40　　B. 46　　C. 45　　D. 31

27. 下列叙述中不正确的是________。

A. 输入(读)文件是将数据从文件传送到内存

B. 输出(写)文件是将数据从内存传送到文件

C. 所谓打开文件就是实现文件与设备的连接

D. 关闭语句的括号内,应该写上将要关闭的文件名说明符

28. 执行下列程序段后,变量 C 的值为________。(□表示空格)

```
CHARACTER * 5 A,B,C * 10
A = 'BEIJING'
B = 'NEW'
C = A//B
```

A. C＝'BEIJINEW□□'　　B. C＝'IJING□□NEW'

C. C＝'BEIJI□□NEW'　　D. C＝'IJINGNEW□□'

29. 下列说法正确的是________。

A. COMMON 给同一程序模块中的若干变量分配同一存储单元

B. EQUIVALENCE 给不同程序模块中的变量分配相同的存储单元

C. 公用区中的变量按顺序对应,不是按名字对应

D. 公用区中有对应关系的变量的数据类型必须一致

30. 设有以下语句：

```
TYPE STUDENT
    CHARACTER NAME
    REAL SCORE(5)
ENDTYPE
TYPE(STUDENT)::STU
```

下面叙述中正确的是________。

A. STUDENT 是结构体变量

B. STU 是 TYPE STUDENT 类型的变量

C. 可以用 STU 定义结构体变量

D. STUDENT 是派生类型,STU 是结构体变量

二、填空题(每空 2 分,共 20 分。请将以下程序空缺补充完整)

1. 以下程序将输入的任意字母大写转换为小写、小写转换为大写并输出。

```
CHARACTER * 1 C
READ * ,C
SELECT CASE(C)
CASE('a':'z')
    ____(1)____
    PRINT * ,C
CASE('A':'Z')
        ____(2)____
    PRINT * ,C
END SELECT
END
```

2. 输入一个整数,输出其位数。

```
INTEGER :: N,K = 0
REAN * N
DO WHILE(N > 0)
    K = ____(3)____
    N = ____(4)____
    ____(5)____
PRINT * ,K
END
```

3. 求一个矩阵所有元素之和及平均值,保留所有大于平均值的元素,其余元素置为零。

```
____(6)____
READ * ,A
SUM = 0
DO I = 1, 4
  DO  J = 1,5
  SUM = SUM + ____(7)____
  END DO
END DO
AVERAGE = SUM/20
DO I = 1, 4
  DO J = 1,5
    IF(____(8)____)A(I,J) = 0
  END DO
END DO
PRINT * ,A
```

```
END
```

4. 以下程序通过递归调用求解 n！。

```
RECURSIVE FUNCTION FAC(N) RESULT(FAC1)
  IF (N = = 1) THEN
  ______(9)______
  ELSE
  ______(10)______
  ENDIF
END
PROGRAM FAC_PRO
    WRITE( * , * )'PLEASE INPUT A NUMBER...'
    READ( * , * )N
    WRITE( * , * )N,'! = ',FAC(N)
END
```

三、阅读程序，写出程序的运行结果(每题 3 分，共 15 分)

1.
```
PARAMETER(N = 18)
INTEGER::SUM = 0
DO I = 2,N - 1
    IF(MOD(N,I) == 0)SUM = SUM + I
ENDDO
PRINT * ,SUM
END
```

2.
```
INTEGER A(3,3)
DATA A/3 * 1,3 * 2,3 * 3/
PRINT 10,A
PRINT 10,((A(I,J),J = 1,3),I = 1,3)
10 FORMAT(1X,3I3)
END
```

3.
```
INTEGER A(6)
COMMON A
DO K = 1,6
  A(K) = K
ENDDO
CALL P2
END
SUBROUTINE P2
  INTEGER B(3,2)
  COMMON B
  PRINT 20, ((B(I,J),J = 1,3),I = 1,2)
  20 FORMAT(2X,3I2)
END
```

4.
```
S = 0
DO I = 1,10
    S = S + 1/I
ENDDO
PRINT * ,"S = ",S
END
```

5.
```
PARAMETER(N = 5)
DO I = 1,N
    A(I,1) = 1
```

```
    A(I,I) = 1
ENDDO
DO I = 3,N
  DO J = 2,N - 1
    A(I,J) = A(I - 1,J) + A(I - 1,J - 1)
  ENDDO
ENDDO
DO I = 1,N
  PRINT 10,(A(I,J),J = 1,I)
ENDDO
10 FORMAT(1X,10I3)
END
```

四、编程题(第 1 小题 7 分,第 2 小题 8 分,第 3、4 小题各 10 分,共 35 分)

1. 编程输出如下 M 行、N 列中空矩形,M 和 N 由键盘输入。

2. 判断某三位整数是否是水仙花数。
3. 求 1～1000 范围内的素数之和。
4. 计算 n 行 n 列的二维数组两对角线上元素之和。

模拟测试 3

一、选择题(在每小题给出的 4 个答案选项中只有一项是正确的,写出正确的选项。每题 1 分,共 30 分)

1. 在 Visual Fortran 的编译环境中,通过 Build 形成的可执行文件的文件名是________。

A. 源程序的文件名　　B. 项目名
C. 工作空间名　　D. 目标文件文件名

2. 在 FORTRAN 的变量类型说明语句中没有________。

A. INTEGER 语句　　B. REAL 语句
C. CHAR 语句　　D. LOGICAL 语句

3. FORTRAN95 字符集是指程序代码中可出现的字符,下列选项中全属于 FORTRAN95 字符集的是________。

A. { ： ’ ＝　　B. ＋ | * &　　C. % & ! /　　D. & @ $ >

4. 下面________是 FORTRAN95 的合法变量名。

A. D_AB1　　B. X－Y　　C. a%score　　D. 12_month

5. 下列说法中,正确的是________。

A. 在 FORTRAN 程序中,各类语句的位置是任意的
B. 在 FORTRAN 中变量必须先定义、后使用
C. FORTRAN 程序的书写格式有自由格式和固定格式两种
D. 在 FORTRAN 中“＝”表示相等的意思,如 A＝B 表示变量 A 与 B 的值相等

6. 与数学表达式 $\frac{1}{n}x^{y+2}+|x-1|$ 对应的正确的 FORTRAN95 表达式是________。

A. 1/NX * Y－2＋ABS(X－1)　　B. (1/N) * X ** Y＋2＋ABS(X－1)
C. (1.0/N) * X ** (Y＋2)＋ABS(X－1)　　D. (1/N) * X ** (Y＋2)＋ABS(X－1)

7. 下列函数用法中错误的是________。

A. N＝KIND(A)　　B. T＝SQRT(4.0)
C. Y＝(2.5 * A,2)　　D. MOD(A1,A2)

8. 下列________不是 FORTRAN 常量。

A. (3.0,4.0)　　B. 3.1416D＋00　　C. 2/3　　D. 'Very good!'

9. 设变量 A、B、I、J、K 的类型符合 I-N 规则,且 $A=5.0$,$B=2.0$,$I=-1$,$J=5$,$K=4$,则表达式 A/J＋I/K * B 的值为________ 。

A. 1.0　　B. 1　　C. 1.5　　D. 0.5

10. 结构化程序设计有三种基本结构,下列不属于三种基本结构的是________。

A. 顺序结构　　B. 选择结构　　C. 循环结构　　D. 嵌套结构

11. FORTRAN95 自由格式规定,当一个语句一行写不完时需要使用续行标记,下

面________是 FORTRAN95 的续行标记。

A. &　　B. ;　　C. !　　D. ,

12. 下列表达式值为.TRUE.的是________。

A. 6>2*3.5.AND.SQRT(4.5)>2　　B. NOT.(.FALSE..AND..TRUE.)

C. 2.5>1.5>1.0.　　D. (2.5,3.5)==(1.5,4.6)

13. 下列有关逻辑型运算符和逻辑值的叙述中,错误的是________。

A. 逻辑真值只有两个,即真(.TRUE.)和假(.FALSE.)

B. A、B、C、D 均为实型变量,依据 A、B、C、D 的取值计算表达式 $A+B/=C+D$,结果值为.TRUE.或.FALSE.

C. 对字符型数据不能用关系运算符比较大小,但可以用关系运算符比较相等或不相等

D. 算术运算符优先级高于关系运算符,关系运算符优先级高于逻辑运算符

14. 正确表达 $X\in(-1.2,3.5]$ 的表达式是________。

A. 3.5>=X>-1.2　　B. X<=3.5.OR.X>-1.2

C. X<=3.5.AND.X>-1.2　　D. X<-1.2.AND.A>3.5

15. 运行下列程序后,输出的结果是________。

```
INTEGER M, N
READ *, M, N,N,M
M = M + N
N = M + N
PRINT *, M, N
END
```

从键盘输入:1,2,3,4↙

A. 1 2　　B. 3 5　　C. 4 3　　D. 7 10

16. 阅读下列 FORTRAN 程序:

```
N = 0
DO K = 1,3
  N = N + K
ENDDO
PRINT *,N,K
END
```

执行上述程序后,输出的结果为________。

A. 3 3　　B. 3 4　　C. 6 3　　D. 6 4

17. 以下关于 CASE 选择结构的 4 种结论中,正确的是________。

A. CASE 结构不能嵌套定义,即 CASE 选择结构内不得再包含 CASE 选择结构

B. CASE 的条件选择中出现冒号(如 1:5)时表示可取值的范围

C. CASE 的条件选择表达式不能是字符类型

D. CASE 选择结构内必须取 DEFAULT 作为条件选择的最终分支

18. 阅读以下程序段:

```
CHARACTER A
A = CHAR(ICHAR('K') + ICHAR('a') - ICHAR('A'))
PRINT *, A
```

输出的 A 为________。

A. A　　B. k　　C. K　　D. a

19. 对于 DO 语句"DO EN=1.5,5.7,2.7",可计算出循环次数为________。

A. 1 次　　B. 2 次　　C. 3 次　　D. 4 次

20. 下列程序执行后,输出的结果为________。

```
K = 0
DO J = 1,8
  K = J
ENDDO
PRINT *, K,J
END
```

A. 8, 9　　B. 8, 8　　C. 9, 9　　D. 9, 8

21. CYCLE 语句的使用范围只能在________。

A. 块 IF 结构内　　B. DO 循环结构内

C. 块 CASE 结构内　　D. WHERE 结构内

22. 有说明语句"REAL(KIND=8),DIMENSION(1:10) :: A,",该语句________。

A. 说明 A 是复型类型数组,共有 10 个数组元素

B. 说明 A 是实型类型数组,共有 20 个数组元素

C. 说明 A 是双精度类型数组,共有 10 个数组元素

D. 为无效说明语句

23. 已知数组说明 REAL A(5,4),数组元素 A(2,4)是数组的第________个元素。

A. 8　　B. 9　　C. 16　　D. 17

24. 下列有关 FORTRAN95 数组的说法正确的是________。

A. 数组定义语句可以定义任意维的数组

B. 数组元素下标可以出现负值

C. DIMENSION 语句可说明数组的四个信息

D. 在同一程序单元中,数组名可以与变量名相同

25. 有语句为:

```
INTEGER A(3,2)
READ *,A
```

如果从键盘输入的数据是"10,20,30,40,50,60",则 A 数组的逻辑结构是________。

A. 10 20 30
40 50 60

B. 10 30 50
20 40 60

C. 10 20
30 40
50 60

D. 10 40
20 50
30 60

26. 下列程序的输出结果是________。

```
INTEGER:: M(3,3),S = 0
DATA M/1,2,3,4,5,6,7,8,9/
DO K = 1,3
  S = S + M(K,K)
```

```
ENDDO
PRINT * ,S
END
```

A. 12　　B. 14　　C. 15　　D. 18

27. 下列程序的输出结果是________。

```
INTEGER:: M(3,3)
FORALL(I = 1:3,J = 1:3,I + J = = 4)
  M(I,J) = I + J
END FORALL
PRINT * ,(M(2,J),J = 1,3)
END
```

A. 3 4 5　　B. 0 4 0　　C. 2 3 4　　D. 4 0 0

28. 阅读下列程序,程序的运行结果是________。

```
K(X,Y) = X/Y + X
A = - 2.0
B = 4.0
B = 1.0 + K(A,B)
PRINT 10,B
10 FORMAT(1X,F4.1)
END
```

A. −1.0　　B. 1.0　　C. −2.0　　D. 2.0

29. 可调数组________中出现。

A. 只能在主程序　　B. 只能在子程序

C. 只能在主程序和子程序　　D. 可以在主程序、子程序和模块

30. 下列程序执行后,输出的结果为________。

```
INTEGER A(7)
DATA A/1,2,3,4,5,6,7/
P = 0
CALL SUB(A,4,P)
PRINT * ,P
END
SUBROUTINE SUB(B,N,S)
  INTEGER B(N)
  DO J = 1,N
    S = S + B(J)
  ENDDO
END
```

A. 6　　B. 10　　C. 21　　D. 28

二、填空题(每空 2 分,共 20 分。请将以下程序空缺补充完整)

1. 回文数是指正读和反读都是一样的正整数,例如 66、121 等,求[10,500]区间内的回文数的个数 K。

```
K = ____(1)____
DO I = 10,500
  IF(____(2)____)THEN
    I1 = I/10
  ELSE
    I1 = I/100
```

```
    ENDIF
    I2 = MOD(I,10)
    IF(I1 = = I2)K = ____(3)____
ENDDO
PRINT * ,K
END
```

2. 以下主程序通过调用子程序的形式对 3 行 4 列共 12 个数据以列的次序进行升序排序,子程序中排序方法采用选择法。

```
INTEGER A(3,4)
READ * , A
CALL SORT(A,3,4)
DO I = 1,3
  PRINT * ,(A(I,J),J = 1,4)
ENDDO
END
SUBROUTINE SORT(A,M,N)
  INTEGER A(M * N)
  DO I = 1,M * N - 1
    ____(4)____
    DO J =  I + 1,M * N
          IF ( ____(5)____ ) P = J
    ENDDO
    T = A(I)
    ____(6)____
    A(P) = T
  ENDDO
END
```

3. 一个学生的信息包括学号、姓名、5 门课程的成绩、总成绩和名次,从数据文件 SHUJU1. TXT 中读取相关信息,计算全班 50 个学生中每个学生的总成绩及其名次。

```
TYPE STUDENT
  INTEGER NUM
  CHARACTER * 6 NAME
  REAL SCORE(6)
  INTEGER ORDER
END TYPE
____(7)____
OPEN( ____(8)____ )
DO I = 1,50
  READ(5,10) STU(I)
  DO J = 1,5
    STU(I). SCORE(6) = STU(I). SCORE(6) + STU(I). SCORE(J)
  ENDDO
ENDDO
DO I = 1,50
  K = 0
  DO J = 1,50
    IF( ____(9)____ )K = K + 1
  ENDDO
  ____(10)____
ENDDO
PRINT * ,(STU(I),I = 1,50)
CLOSE(5)
10 FORMAT(I8,2X,A6,5F5.1)
END
```

三、阅读程序，写出程序的运行结果(每题 3 分，共 15 分)

1.
```
INTEGER::F = 1
REAL::S = 0.0
DO K = 1,3
  F = F * K
  S = S + 1/F
ENDDO
PRINT *,F,S
END
```

2.
```
CHARACTER A(4)
DATA A/'1','2','3','4'/
DO I = 1,4
  PRINT *,(A(J),J = I,4),(A(K),K = 1,I - 1)
ENDDO
END
```

3.
```
I = 0
S = 0.0
DO
  I = I + 1
  IF(MOD(I,2)/ = 0) S = S + I
  IF(MOD(I,2) == 0) CYCLE
  IF(I >= 9) EXIT
ENDDO
PRINT 10,I,S
10 FORMAT(I2,F5.1)
END
```

4.
```
EXTERNAL P
  CALL S(P,1.0,2.0,T)
  PRINT *,T
END

FUNCTION P(X,Y)
  P = 2 * (X + Y)
END

SUBROUTINE S(F,A,B,C)
  C = F(A,B)
  C = F(B,C)
END
```

5.
```
RECURSIVE FUNCTION FIB(N) RESULT(F)
  INTEGER N
  IF(N == 1)THEN
    F = 1
  ELSE IF(N == 2)THEN
    F = 1
  ELSE
    F = FIB(N - 1) + FIB(N - 2)
  ENDIF
END

PROGRAM MAIN
  PRINT *,FIB(5)
END
```

四、编程题(第 1 小题 7 分,第 2 小题 8 分,第 3、4 小题各 10 分,共 35 分)

1. 输入 x,求分段函数 y 的值,并输出 y 值。

$$y=\begin{cases} x^2-x-2 & x<-1 \\ \sin(x^2-1) & -1\leqslant x\leqslant 1 \\ \sqrt{x^2-1} & x>1 \end{cases}$$

2. 计算 1!+2!+3!+⋯ +N!的值,N 由键盘输入。
3. 编写程序,输出杨辉三角形的前 N 行,N 由键盘输入。

```
1
1  1
1  2  1
1  3  3  1
1  4  6  4  1
1  5  10 10 5  1
```

4. 编写用梯形法求定积分的子程序,调用该子程序求解函数 $y=2*x+4$ 在[0,2]区间的定积分。

模拟测试 4

一、程序改写题(10 分)

某同学编写的计算 5! 的 FORTRAN 源程序如下,请你在其编写程序的基础上进行改造,改为用 DO 循环实现。

```
INTEGER i,fac
fac = 1
i = 1
DO WHILE(i <= 5)
  fac = fac * i
  i = i + 1
ENDDO
PRINT *,"5!= ",fac
END
```

二、编程题(第 1、2 小题各 8 分,第 3、4 小题各 12 分,第 5、6、7 小题各 10 分,共 70 分)

1. 有一个圆形的鱼塘,鱼塘每平方米产鱼 4kg,每千克鱼的售价为 15 元。编写程序,计算该鱼塘的产量和产值。已知圆形鱼塘的周长,从键盘输入。

2. 实现一个简单的出租车计费系统,当输入行程的总里程时,输出乘客应付的车费。计费标准具体为起步价 3km(包括 3km)内 10 元,超过 3km 以后,每千米费用为 1.4 元,超过 10km 以后,每千米的费用为 2.1 元。输入里程数,输出应支付的车费。

3. 自幂数是指一个 n 位数,它的每一位上的数字的 n 次幂之和等于它本身。n 为 4 时的自幂数称为四叶玫瑰数,例如:1634=14+64+34+44,则 1634 为四叶玫瑰数。编程输出所有的玫瑰数,并统计其个数。

4. 自然常数 e 可以用级数 $1+1/1!+1/2!+\cdots+1/n!+\cdots$ 近似计算。要求对给定的非负整数 n,求该级数的前 $n+1$ 项和。

5. 有一批实验数据存放在一维数组中,查找实验数据中是否有输入的某一个数据,如果有则输出其位置。

6. 求以下矩阵的每行元素和。

$$\mathbf{A}=\begin{pmatrix} 25.5 & -21 & 83 & 13.5 \\ 31.2 & 63 & 35 & -12.5 \\ 27 & 57 & 45.8 & 34 \end{pmatrix}$$

7. 从文件 in.txt 中读入 N 个数据到一维数组中,对该数组中的数据进行排序(升序、降序不限),将排好序的数据输出到文件 out.txt 中。

三、阅读程序,写出程序的运行结果(每小题 5 分,共 10 分)

1.
```
INTEGER a(5),t
DATA a/1,2,3,4,5/
DO i = 1,5
    PRINT 10,a
```

```
        t = a(1)
        DO j = 1,4
           a(j) = a(j + 1)
        ENDDO
        a(5) = t
   ENDDO
   10 format(5i3)
   END
```

2.
```
   INTEGER a(2,5),b(5,2)
   DATA a/2 * 1,2 * 2,2 * 3,2 * 4,2 * 5/
   CALL sub(a,b,2,5)
   PRINT 10,((b(i,j),j = 1,2),i = 1,5)
   10 format(2i3)
   END
   SUBROUTINE sub(a,b,m,n)
     INTEGER a(m,n),b(n,m)
     DO i = 1,m
       DO j = 1,n
          b(j,i) = a(i,j)
       ENDDO
     ENDDO
   END
```

四、解答问题(10 分)

某班要建立学生信息档案,学生信息数据包括学号、姓名、性别、出生年月、家庭所在地、是否为党员。请定义一个能表示学生信息的派生类型,并定义一个能保存全班 55 人信息的结构体数组,画出表格示意图。

模拟测试 5

一、程序改错题(15 分)

下面是某同学编写的计算任意三角形面积的 FORTRAN 源程序代码,其中每行至少有一个错误,且没有考虑输入数据不构成三角形的情况(即没有容错性检查),请指出该代码中出现的不合理或错误的地方(注意中英文标点符号的区别和程序的容错性),在错误处画线并写出正确程序。

```
INTEGER 1BIAN,BIAN2,BIAN3,AREA,S
READ * ,BIAN2,BIAN3,S
S = 1BIAN + BIAN2 + BIAN3)/2
AREA == SQRT(S * (S - BIAN1) * (S - BIAN2) * (S - BIAN3)
PRINT 10 BIAN1,BIAN2,BIAN3,"所构成的三角形的面积是",AREA
  FORMAT(3F8.2,A22,F10.2)
```

二、程序改写题(10 分)

某同学编写的计算 1!+3!+5!+7!+9!的 FORTRAN 源程序如下,在学习子程序后想将其改造成主程序调用子程序的方式,请你在其编写程序的基础上进行程序形式改造。

```
INTEGER:: SUM = 0,I,N = 10,FAC
DO I = 2,N,2
  FAC = 1
  DO J = 1,I
    FAC = FAC * J
  ENDDO
  SUM = SUM + FAC
ENDDO
PRINT * ," 2! + 4! + 6! + 8! + 10! = ",SUM
END
```

三、阅读程序,写出程序运行的结果(每小题 5 分, 共 10 分)

1.
```
CHARACTER * 5 STR
STR = "ABCDE"
DO I = 1,5
   J = 3 - ABS(3 - I)
   PRINT * ,(" ",K = 1,J),STR(J:6 - J)
ENDDO
END
```

2.
```
INTEGER:: F1 = 1,F2 = 1
DO I = 1,5
   PRINT * ,F1,F2
   F1 = F1 + F2
   F2 = F1 + F2
ENDDO
END
```

四、程序填空题(15 分)

某同学担任班级班干部,负责对班级 50 名学生的 5 门课程计算总分,并按照学生总分计算学生在班级中的名次。在学习完派生类型的数据后,他考虑学生的信息还应包括学生的姓名和学号,于是在 D 盘 banji 文件夹内准备了学生信息的数据文件 shuju1. txt,计划将完整的学生信息写入此文件夹内的数据文件 shujujieguo. txt 中,他编写了如下程序代码,请根据其思路补充代码缺失的部分。

```
TYPE STU
  INTEGER NUM
  CHARACTER * 10 NAME
  INTEGER SCORE(6)
(1) ________________
END TYPE
TYPE(STU) CLASS5(50)
OPEN((2)________,FILE = (3)____________________________)
DO I = 1,  (4)__________)
READ(10,100) CLASS5(I).NUM,CLASS5(I).NAME,(CLASS5(I).SCORE(J),J = 1,5)
  DO K =  (5)__________
  CLASS5(I).SCORE(6) = (6)________________ + CLASS5(I).SCORE(K)
  ENDDO
ENDDO
(7)_____ FORMAT(I8,A10,7I4)
DO I = 1,50
  K = (8)________
  DO J = 1,50
  IF( (9)______________________)k = k + 1
  ENDDO
  CLASS5(I).ORDER = (10)____________
(11)______________
OPEN(11,FILE = "D:\banji\shujujieguo.txt")
DO I = 1,50
WRITE(11,100) (12)____________________
ENDDO
(13)____________
CLOSE((14)________________)
  (15)________________
```

五、编程题(第 1、2 小题各 8 分,第 3 小题 10 分,第 4、5 小题各 12 分,共 50 分)

1. 通过键盘输入一个半径,计算圆的面积和球体体积,要求对输入的半径数据进行容错性处理(即考虑输入数据为 0 和负的情况)。

2. 输入一个整数,统计其位数。注意,编程时应考虑输入负整数的可能性。

3. 圆周率 π 的近似计算。已知 π 的计算公式如下:

$$\pi = 4 - \frac{4}{3} + \frac{4}{5} - \frac{4}{7} + \cdots + \frac{4}{4n-3} - \frac{4}{4n-1} \quad (n = 1000)$$

4. 小刘负责煤矿煤炭的运输工作,其月收入与其运输煤炭的总吨数和总距离相关。公司规定按每月运输距离对每吨煤炭的运价给予一定程度的上浮奖励。若以 s 表示煤炭运输的距离，s 与运价上浮比例的关系为：$s \leqslant 250$ 时不上浮，$250 < s \leqslant 500$ 时上浮 2%；$500 < s \leqslant 1000$ 时上浮 5%；$1000 < s \leqslant 2000$ 时上浮 8%；$2000 < s \leqslant 3000$ 时上浮 10%；$s > 3000$ 时上浮 15%。设每千米每吨货物的基本运费为 p，货物重量为 w，距离为 s，运费上浮为 d，则总运费 f 的计算公式为：$f = pws(1+d)$。试编程计算小刘的运费收入。

5. 任意输入 11 个整数，请按从小到大的顺序对其排序；删除正中间的数后按每行 5 个数进行输出。

第4部分

习题解析与模拟测试参考答案

习题 1 解析

1. 简述计算机硬件的基本构成和工作原理。

答：计算机硬件主要由 CPU(运算器、控制器)、存储器、输入设备和输出设备等部分构成。数据和程序都以二进制形式存储在主存储器中，CPU 通过访问主存储器来取得待执行的指令和待处理的数据，这称为冯·诺依曼原理。

其简单工作原理为：首先由输入设备接收外界信息(程序和数据)，控制器发出指令将数据送入(内)存储器，然后向内存储器发出取指令命令。在取指令命令下，程序指令逐条送入控制器。控制器对指令进行译码，并根据指令的操作要求，向存储器和运算器发出存数、取数和运算命令，经过运算器计算后把计算结果存在存储器内。最后在控制器发出的取数和输出命令的作用下，通过输出设备输出计算结果。

2. 简述计算机系统构成。

答：计算机系统由计算机硬件系统和软件系统两部分组成。

硬件是指组成计算机的各种物理设备，也就是那些看得见、摸得着的实际物理设备，包括 CPU、存储器和外部设备等。

软件就是为运行、管理和维护计算机而编制的各种程序、数据和文档的总称。软件又包括系统软件和应用软件。系统软件是指控制和协调计算机及其外部设备，支持应用软件的开发和运行的软件。应用软件是指用户为解决各种实际问题而编制的计算机应用程序及其有关资料。

3. 什么是机器语言、汇编语言和高级语言？

答：机器语言是由二进制符号"0"和"1"按照确定的方式排列组合而成的语言，用机器语言编写的程序能够被计算机直接识别和执行。

汇编语言是用助记符来表示机器语言中的二进制指令的语言。

机器语言和汇编语言称为低级语言。

高级语言主要是相对于汇编语言而言，它是较接近自然语言和数学公式的编程语言，基本脱离了机器的硬件系统，用人们更易理解的方式编写程序。相对于低级语言而言，它并不特指某一种具体的语言，而是包括很多编程语言，如 C、Java、C++、Visual Basic、Visual C++、PHP、Python、FORTRAN 等。

4. 简述高级语言的编译和解释过程。

答：编译过程是由编译器将源程序完整地翻译成等价的机器语言程序(目标程序)，然后让计算机执行，整个源程序一旦翻译完毕，就可以多次执行目标代码，而不再需要编译器参与。

解释过程是由解释器直接分析一句就执行一句，不生成目标文件，如果遇到错误、中止执行，则修改后从头再解释一句就执行一句。

5. 什么是程序和程序设计？

答：程序是由多条指令按次序排列而成并交给计算机逐条执行的指令序列。

程序设计是指从问题分析到编码实现的计算机解题全过程。它是软件构造活动中的重要组成部分。程序设计往往以某种程序设计语言为工具,给出这种语言的程序。程序设计过程应当包括分析、设计、编码、测试、排错等不同阶段。

6. 什么是计算?

答:计算就是针对一个问题,设计出解决问题的程序(指令序列),并由计算机来执行这个程序,从而解决问题的过程。

7. 什么是计算思维?计算思维建立的原则是什么?计算思维的基本应用有哪些?

答:计算思维是运用计算机科学的基础概念进行问题求解、系统设计以及人类行为理解等涵盖计算机科学广度的一系列思维活动。

计算思维建立的基本原则是:既要充分利用计算机的计算和存储能力,又不能超出计算机的能力范围。

计算思维的基本应用有:通过抽象进行问题的表示;算法设计;编程技术;考虑可计算性和算法复杂性。

8. 什么是算法?简述算法的基本特征。

答:算法是为解决特定问题而设计好的,有限的、明确可行的步骤序列。

算法的基本特征:有穷性;确定性;可执行性;有大于或等于零个数据输入;至少有一个数据输出。

9. 简述常用的程序设计方法。

答:常用程序设计方法主要包括结构化程序设计方法、模块化程序设计方法和面向对象程序设计方法等。

结构化程序设计方法使用规范的控制流程来组织程序的处理步骤,形成层次清晰、边界分明的结构化构造,每个构造具有单一的入口和出口。方法中的三种基本控制结构是顺序结构、选择结构、循环结构。

模块化程序设计方法采用从全局到局部的自顶向下设计方法,将复杂程序分解成许多较小的模块,解决了所有底层模块后,将模块组装起来构成最终程序。每个模块独立命名,通过模块名来调用、访问和执行,模块间相互协调,共同完成特定任务。

面向对象编程方法以数据和操作融为一体的对象作为基本单位来描述复杂系统,通过对象之间的相互协作和交互实现系统的功能。

10. 用流程图或N-S流程图描述下列问题的求解算法。

(1) 求 $ax^2+bx+c=0$ 的根。分别考虑 $d=b^2-4ac$ 大于0、等于0和小于0三种情况。

本题的N-S流程图和传统流程图分别如题解图1.1、题解图1.2所示。

(2) 输入5个数,找出最大的一个数并输出。

本题的N-S流程图如题解图1.3所示。

(3) 输出2000—2200年中的所有闰年。闰年的判断条件是"四年一闰,百年不闰,四百年再闰"。即能被4整除但不能被100整除,或者能被400整除。

本题的N-S流程图如题解图1.4所示。

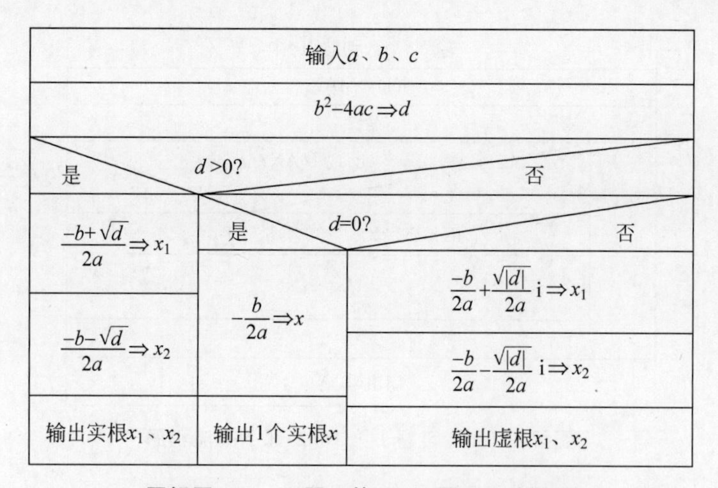

题解图 1.1　习题 1 第 10(1)题 N-S 流程图

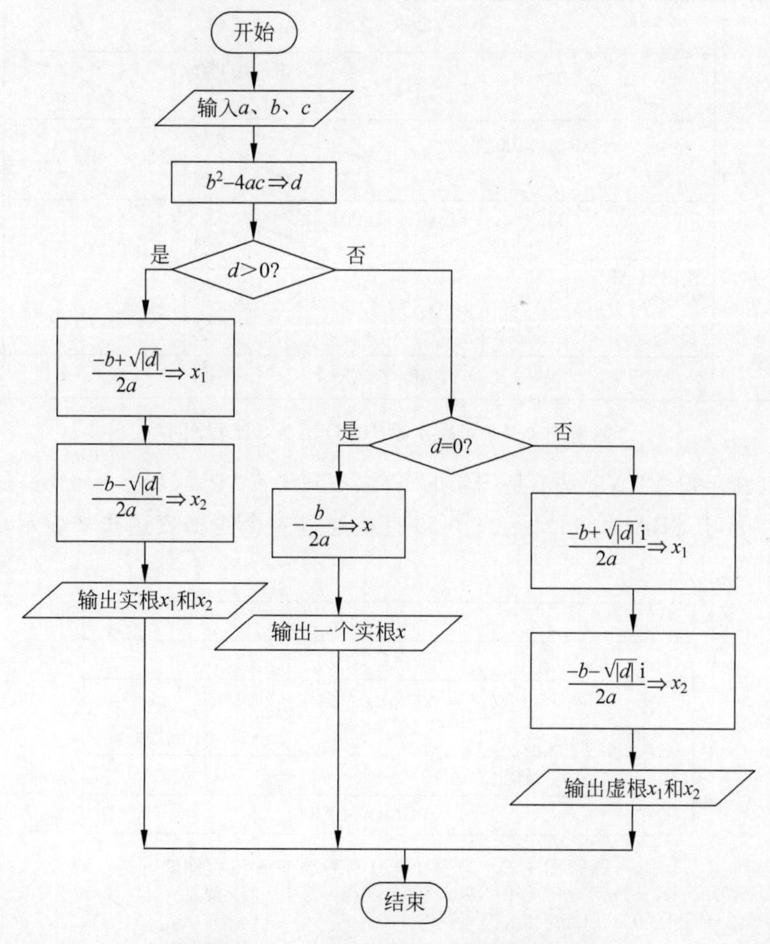

题解图 1.2　习题 1 第 10(1)题传统流程图

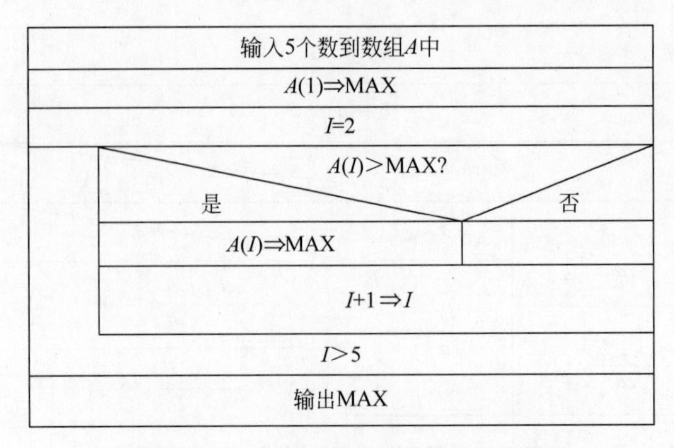

题解图 1.3 习题 1 第 10(2)题 N-S 流程图

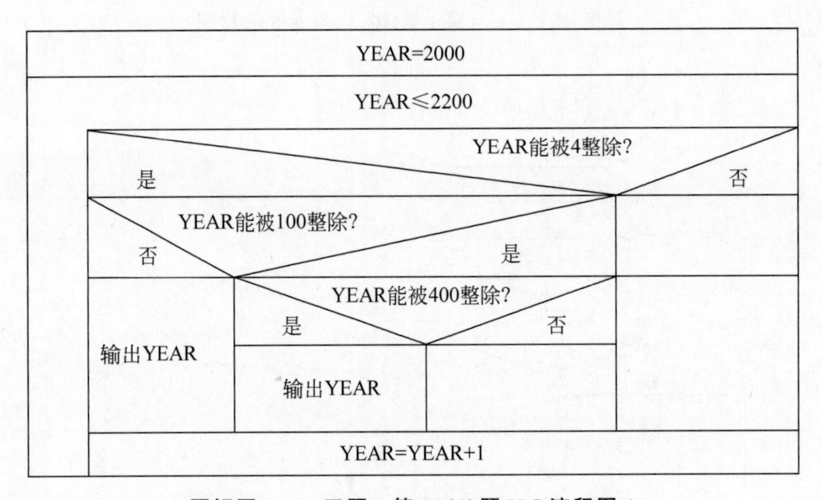

题解图 1.4 习题 1 第 10(3)题 N-S 流程图 1

本题中判断年份 YEAR 是不是闰年的条件(mod(YEAR,400)==0. or. mod(YEAR,4)==0. and. mod(YEAR,100)!=0) 可以直接通过一个逻辑表达式来表示,流程图可简化为题解图 1.5。

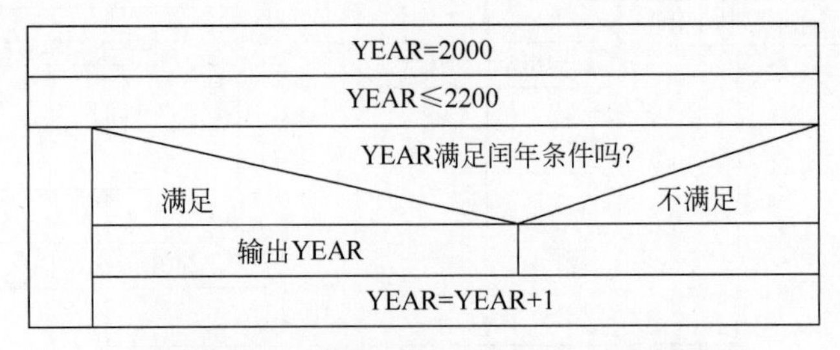

题解图 1.5 习题 1 第 10(3)题 N-S 流程图 2

(4) 求 1+2+3+…+50 的值,并输出。

本题的 N-S 流程图如题解图 1.6 所示。

(5) 输入一个班 30 个同学的一门课的成绩,求平均分、最高分、不及格人数和不及格率。

SUM=0

I=1

I≤50

SUM=SUM+I

I=I+1

输出SUM

题解图 1.6　习题 1 第 10(4)题 N-S 流程图

本题的 N-S 流程图如题解图 1.7 所示。

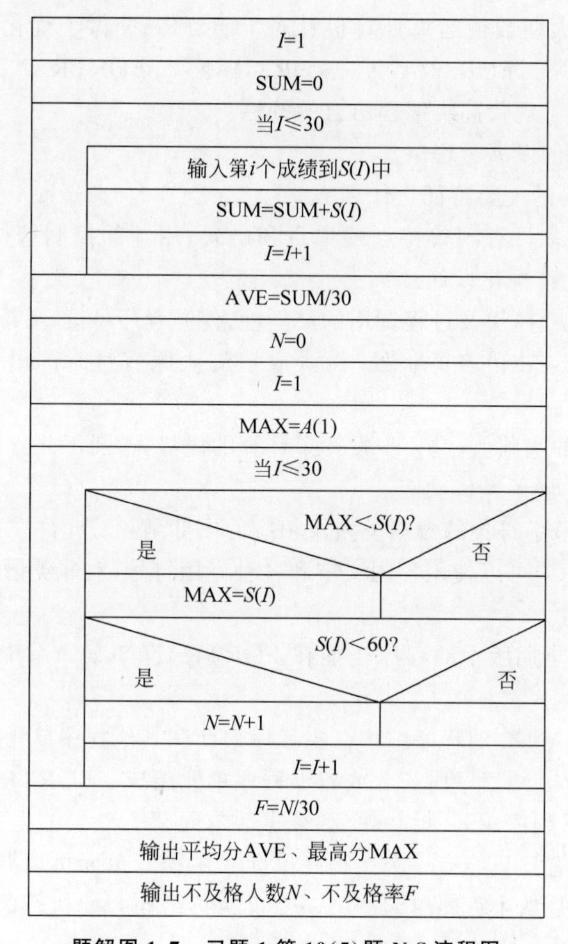

题解图 1.7　习题 1 第 10(5)题 N-S 流程图

习题 2 解析

1. FORTRAN 语言的主要特征是什么？简述 FORTRAN 语言的发展过程。

答：FORTRAN 语言是世界上最早出现的计算机高级程序设计语言，最大特性是接近数学公式的自然描述，在计算机中具有很高的执行效率。它易学，语法严谨，可以直接对矩阵和复数进行运算。它自诞生以来广泛地应用于数值计算领域，积累了大量高效而可靠的源程序。很多专用的大型数值运算计算机针对 FORTRAN 做了优化，广泛应用于并行计算和高性能计算领域。FORTRAN90、FORTRAN95、FORTRAN2003 的相继推出使 FORTRAN 语言具备了现代高级编程语言的特性。

FORTRAN 语言的发展过程略。

2. FORTRAN95 的主要特征是什么？

答：(1)增加了许多具有现代特点的项目和语句，用新的控制结构实现选择与循环操作，真正实现了程序的结构化设计。

(2) 增加了结构块、模块及过程调用的灵活性，使源程序易读、易维护。

(3) 吸收了 C、Pascal 语言的长处，淘汰或拟淘汰原有过时的语句，加入现代语言的特色。

(4) 在数值计算的基础上，进一步发挥了计算的优势，增强了并行计算功能。新增了许多先进的调用手段，扩展了操作功能。

(5) 增加了多字节字符集的数据类型及相应的内部函数。允许在字符数据中选取不同类别，在源程序字符串中可以使用各国文字和各种专用符号，对非英语国家使用计算机提供了更大、更有效的支持。

(6) FORTRAN 早期版本的程序仍能在 FORTRAN95 编译系统下运行，即具有向下兼容性。

3. 简述 FORTRAN95 的程序结构。主程序单元和其他程序单元的区别是什么？

答：一个 FORTRAN 程序由一个或若干程序单元组成。FORTRAN95 的程序单元包括主程序单元、外部子程序单元、模块单元、数据块单元。

一个程序中必须有且只能有一个主程序单元。主程序单元可以调用其他程序单元，但不能被调用。程序都是从主程序单元的第一个可执行语句开始执行的，最后回到主程序单元结束运行。

4. 什么是 Microsoft Developer Studio？它与 Compaq Visual Fortran 6.5 及 FORTRAN95 有何关系？

答：Microsoft Developer Studio 是可视化集成开发环境。它将文本编辑器、资源编辑器、项目创建工具、增量连接器、源程序浏览器、程序调试器、信息查询器等集成在一起，以可视化形式进行程序的编辑、编译、调试、运行等。

Visual Fortran 6.5/6.6 中，Visual Fortran 被组合(集成)在 Microsoft Developer Studio 的集成开发环境(IDE)中，FORTRAN95 可以直接在其上进行编辑、编译、构建和运行。

5. Microsoft Developer Studio 引入工作空间和项目的概念目的是什么？用户、工作空间、项目及文件的关系是什么？

答：主要目的是合理地组织、管理文件，其功能类似于 Windows 中的资源管理器。用户可根据所开发的程序类型创建多个工作空间(类似文件夹)，每个工作空间根据要求可创建多个项目(类似子文件夹)，每个项目内又可创建生成有关源程序文件、资源文件或其他相关文件。

6. 写出 FORTRAN95 的源程序文件、目标文件和可执行文件的扩展名。

答：FORTRAN95 的源程序文件扩展名为. f90，目标文件扩展名为. obj，可执行文件的扩展名为. exe。

7. 简述 FORTRAN 语言程序的上机步骤。

答：① 进入 FORTRAN 集成开发环境；

② 创建新的项目；

③ 在项目中创建新的 FORTRAN 源程序；

④ 输入程序；

⑤ 编译、构建源程序，生成可执行文件；

⑥ 运行程序。

习题 3 解析

1. FORTRAN95 的字符集包括哪些内容？

答：FORTRAN95 的字符集包括如下内容。

(1) 英文字母 a～z 及 A～Z；

(2) 阿拉伯数字 0～9；

(3) 22 个特殊字符，如下：

＝　＋　－　*　/　(　)　;　.　:　'　“　!

;　%　&　<　>　?　$　_空格(Tab)

2. 判断下列标识符中哪些是合法的、哪些是非法的，并解释非法标识符的错误原因。

(1) A12C　　(2) C%50　　(3) DZD～1　　(4) SIN(X)

(5) D.2　　(6) 'ONE'　　(7) AX_12　　(8) 23CS

(9) PRINT　　(10) 兰州　　(11) C$D　　(12) _HEL

答：合法的标识符由英文字母、数字、美元符号($)和下画线(_)组成，且起始字符必须是英文字母。因此，本题中的合法标识符是(1)、(7)、(9)、(11)。

非法标识符如下所示。

非法标识符	错误原因
(2) C%50	含%非法字符
(3) DZD～1	含～非法字符
(4) SIN(X)	是标准函数
(5) D.2	含.非法字符
(6) 'ONE'	是字符常量
(8) 23CS	首字符不是字母
(10) 兰州	汉语字符
(12) _HEL	首字符不是字母

3. FORTRAN95 的基本数据类型有哪些？

答：FORTRAN95 的基本数据类型包括整型、实型、双精度性、复型、字符型、逻辑型。

4. 简述符号常量与变量的区别。

答：在程序运行过程中，其值不能被改变的量称为常量。用一个标识符代表一个常量的符号，称为符号常量。编译时把所有的符号常量都替换成指定的常量(字符串)，在内存中也不存在符号常量命名的存储单元，在其作用域内其值不能改变和赋值。而变量代表内存中具有特定属性的一个存储单元，它用来存放数据，也就是变量的值，在程序运行期间，这些值是可以改变的。

5. 下列数据中哪些是合法的 FORTRAN95 常量？

(1) 34　　(2) 3.1415926　　(3) －129_1　　(4) 3.96E－2

(5) ＋256_3　　(6) PARAMETER(n＝10)　　(7) 'CHINA'

(8) “中国”　(9) (2.3,5.7)　(10) f　(11) .TURE.

(12) .23　(13) 23.　(14) 3.96*E−2　(15) 3.96E−2.5

(16) .E−2

答：合法的FORTRAN95常量有(1)、(2)、(4)、(6)、(7)、(8)、(9)、(12)、(13)。

非法常量如下所示。

非法常量	不合法的原因
(3)−129_1	−129超出了1字节整数的存储范围，发生溢出错误
(5)+256_3	整型数据不存在存储字节数3，只有1、2、4和8(8仅为Alpha系统)
(10)f	字符常量必须用引号括起来
(11).TURE.	逻辑常量“真”的正确拼写是.TRUE.
(14)3.96*E−2	指数形式的实数中，小数部分和E之间没有“*”
(15)3.96e−2.5	指数形式的实数中，指数部分必须是整数
(16).e−2	指数形式的实数中，小数部分不能同时省略小数点前后的0

6. 已知A=2,B=3,C=5.0,且I=2,J=3,求下列表达式的值。

(1) A*B+C/I　(2) A*(B+C)　(3) A/I/J　(4) A**J**I

(5) A*B/C　(6) A*(B**I/J)　(7) A*B**I/A**J*2

答：(1) 8.5　(2) 16.0　(3) 0.333 333(保留了6位小数)　(4) 512.0　(5) 1.2　(6) 6.0　(7) 4.5

答案解析：按照I-N规则，变量A是实型，其值在赋值后是2.0。同理B的值是3.0。因此，(1)中实际的运算是2.0*3.0+5.0/2，值为8.5；(2)中实际的运算是2.0*(3.0+5.0)，值为16.0；(3)中实际的运算是2.0/2/3.0，值为0.333 333；(4)中实际的运算是2.0**3**2，“**”是乘方运算符，其结合性是右结合，则3和2先结合得到9，再计算2.0**9，最终值为512.0；(5)中实际的运算是2.0*3.0/5.0，其结果为1.2；(6)中的实际的运算是2.0*(3.0**2/3)，先算括号中的3.0**2，再除以3，最后与2.0相乘，最终结果为6.0；(7)中实际的运算是2.0*3.0**2/2.0**3*2，计算次序是先算3.0**2(得到9.0)和2.0**3(得到8.0)，然后算2.0*9.0，再算18.0/8.0，最后算2.25*2，最终结果为4.5。

习题 4 解析

1. 判断下列赋值语句的正误,如果错误,请说明理由。变量的类型遵循 I-N 规则。

① V=v

② X=2A+B

③ M*N=4*A**2-2*B-A*A*C

④ X=Y=Z+2.0

⑤ I=.TRUE.

答:正确的赋值语句是:① V=v,⑤ I=.TRUE.。

错误的是:② X=2A+B,缺少乘法运算符;

③ M*N=4*A**2-2*B-A*A*C,赋值语句=号左边必须是变量;

④ X=Y=Z+2.0,赋值语句不能连等。

2. 写出执行下列赋值语句后变量中的值。变量的类型遵循 I-N 规则。设 I=9,J=3,K=-4,T=2.5,X=6。

(1) L=I/J*X　　(2) M=J*T+I　　(3) Y=1.0*K/X

(4) Z=J+K*T　　(5) A=1/K*K+K**2

答:(1) 18　(2) 16　(3) -0.666 667　(4) -7.0　(5) 16.0

答案解析:

(1) 9/3 是整型数的除法,结果为整数 3,与实型变量 X 相乘时先转换为 3.0,完成 3.0 与 6.0 的乘法后得到 18.0,赋值给整型变量 L 时需要做类型转换,故结果为整数 18。

(2) 整数 J 与实数 T 的乘积为实数 7.5,整数 I 与其相加时做类型转换,和为实数 16.5,赋值给整型变量 M 时,16.5 取整(向零取整),故 M 的结果是 16。

(3) -4.0/6.0 的结果是实数,故值为-0.666 667。

(4) K*T 的结果为实型数据-10.0,与 J 相加时 J 先转换为实型数 3.0 后再相加,结果为-7.0。

(5) 先计算 K*K,结果为整数 16,然后计算 1/K*K,由于整数运算的结果为整数,故 1/K*K 的结果为 0。K**2 的结果为整数 16,赋值给实型变量时,先转换为实数 16.0 再赋值。

3. 写出以下程序的运行结果。

答:(1) 12.4

(2) 0　9　1

(3) □diff□easy□easy□diffi(□表示空格)

答案解析:

(1)
```
A = 12.58               ! A的值为12.58
A = (A - .15) * 10      ! A的值被覆盖,新值为124.3
I = A                   ! I为整型变量,A的值转换为整型数124后赋值给I,I为124
A = I                   ! A为实型变量,124转换为124.0后赋值给A,A为124.0
```

```
A = A/10                   ! A 的值被刷新为 12.4
PRINT * ,A                 ! 打印出 A 的值,由于 A 是单精度实数,屏幕显示数值为 12.400000
END
```

(2)
```
K = 2.5 * 2/5 * 3/2        ! 2.5 * 2 的值为 5.0,除以 5 后为 1.0,乘 3 后为 3.0,再除以 2
                           ! 后为 1.5,取整后为 1,故 K 的值为 1
WRITE( * , * ) 9/10,MOD(9,10),K  ! 9/10 的结果为 0(整数运算结果为整数)
                                 ! mod(9,10) 是计算 9 除以 10 的余数,由于 9 小于 10,
                                 !余数就是被除数自己,故值为 9;K 的值为 1
END
```

(3)
```
CHARACTER * 5 CH1,CH 2,CH 3 * 10
CH 1 =  'easy'             ! CH1 长度为 5, 'easy'长度为 4, 'easy'右侧补空格后赋值给 CH1,
                           ! 若用□代表空格,则 CH1 的值为 'easy□'
CH 2 =  'difficult'        ! 'difficult'长度大于 5,从左往右截取 'diffi'5 个字符赋值给 CH2
CH 3 =  CH 1//CH2          ! CH3 的值为 'easy□diffi'
CH 1 =  CH 3(6:9)          ! 截取 CH3 从第 6～9 的 4 个字符 diff 赋值给 CH1
CH 2 =  CH 3(:5)           ! 截取 CH3 从第 1～5 的 5 个字符 easy□赋值给 CH2
PRINT * ,CH 1,CH 2,CH 3    ! 输出结果为□diff□easy□easy□diffi, 第一个空格
                           ! 是表空格式自动输出的空格,与字符变量值本身的空格无关
END
```

4. 编写程序,解决下面的问题。

(1)
```
CHARACTER CH
PRINT * ,"输入一个小写字母:"
READ * ,CH
CH = CHAR(ICHAR(CH) - 32)  ! 同一字母的小写与大写的 ASCII 码值相差 32
PRINT * ,CH
END
```

(2)
```
INTEGER A,A1,A2
PRINT * ,"输入一个两位整数:"
READ * ,A
A1 = MOD(A,10)             ! 计算个位上的数字
A2 = A/10                  ! 计算十位上的数字
PRINT * ,"其个位数字和十位数字的和为:",A1 + A2
PRINT * ,"转换后新的两位数是:",A1 * 10 + A2
END
```

(3)
```
REAL X,Y
PRINT * ,"输入自变量 X 的值:"
READ * ,X
Y = X ** 3 + SIN(X) ** 2 + LOG(X ** 4 + 1)
PRINT * ,"函数值为",Y
END
```

(4)
```
REAL X,Y
X = (2 ** 2) ** (1.0/(2030 - 2017)) - 1  !推导出计算年平均增长速度的表达式,即算法
Y = LOG(2.0 ** 2)/LOG(1 + 5.0/100)       !推导出计算公式,即算法
PRINT * ,"年平均增长速度为:",X
```

(5)
```
COMPLEX A,B,C
REAL L
READ * ,A,B
L = ABS(A - B)
C = A + 0.618 * (B - A)
PRINT * ,L,C
END
```

答案解析：复型数据的实部和虚部恰好可以表达平面上一个点的坐标，而两个复数减法的绝对值就是两个复数所表征点的距离。即：A 为(1,1)，B 为(4.5,4.5)，AB 的长度就是(A－B)的模，AB 的长度 $L=\sqrt{(4.5-1)^2+(4.5-1)^2}$，可以用绝对值 ABS 函数直接求出复数的模。黄金分割点 C 的坐标为 A＋0.618(B－A)。

习题 5 解析

1. 阅读下列程序,给出运行结果。

(1) 5.0

(2) 3.0

(3) 0.0

(4) Ee

2. 填空题

(1) MOD(M,5)==0.AND.MOD(N,5)==0

ENDIF

(2) MOD(M/10,10)或(M−I*100)/10

MOD(M,10) 或 M−I*100−J*10

I+J+K==10

3.
```
REAL HOUR,PAY,SALARY
PRINT *,"输入工作时间(小时)和单位报酬(元/小时):"
READ *,HOUR,PAY
IF(HOUR <= 40)THEN
  SALARY = HOUR * PAY
ELSE
  SALARY = 40 * PAY + (HOUR - 40) * 2 * PAY
ENDIF
PRINT *,"职工应得的工资为:",SALARY
END
```

4.
```
REAL X,Y
PRINT *,"输入 X:"
READ *,X
Y = 0
IF(X >= 0.AND.X < 1)Y = 3 * X - 1
IF(X >= 1.AND.X < 2)Y = 2 * X + 5
IF(X >= 2.AND.X < 3)Y = X + 7
PRINT *,"Y = ",Y
END
```

答案解析:本题是分段函数的编程,可以用多个逻辑 IF 语句形成的顺序结构和多分支选择结构进行程序编写。在采用逻辑 IF 语句编写时,可选择分段函数中其他条件下的函数值为 Y 的初始值,然后根据其他分支条件修改 Y 的值。

5.
```
INTEGER A,B,C,MAX
PRINT *,"输入三个数:"
READ *,A,B,C
MAX = A
IF(MAX < B)MAX = B
IF(MAX < C)MAX = C
PRINT *,"最大数为",MAX
END
```

答案解析：本题的题意是找出三个数中的最大值,可以采用打擂台算法。

6.
```
INTEGER AGE
REAL INCOME,TAX
PRINT *,"输入某人的年龄和年收入:"
READ *,AGE,INCOME
INCOME = INCOME/12
IF(AGE < 50)THEN
  IF(INCOME <= 2000)THEN
    TAX = INCOME * 0.05
  ELSE IF(INCOME <= 8000)THEN
    TAX = 2000 * 0.05 + (INCOME - 2000) * 0.1
  ELSE
    TAX = 2000 * 0.05 + 6000 * 0.1 + (INCOME - 8000) * 0.15
  ENDIF
ELSE
  IF(INCOME <= 2000)THEN
    TAX = INCOME * 0.03
  ELSE IF(INCOME <= 8000)THEN
    TAX = 2000 * 0.03 + (INCOME - 2000) * 0.07
  ELSE
    TAX = 2000 * 0.03 + 6000 * 0.07 + (INCOME - 8000) * 0.1
  ENDIF
ENDIF
PRINT *,"一年所应缴纳的税金是:",TAX * 12
END
```

答案解析：从题目描述可看出,所得税计算先要按年龄分为两个分支,每个分支内又按收入分为三个分支。先写出外层双分支的结构,再在分支内编写被嵌套的内层三分支选择结构,最后在各个分支内编写具体条件下税费的计算。另外,当收入超过最底层级别的收入纳税区间时并不是直接按所处区间的税率进行计算,而是需要将收入分解成多个部分,各部分按相应的税率计算税金后相加才是总的税金。如 55 岁某职工的工资收入是 9000 元,处于第三个纳税级别区间,但并不是 9000 元都按 10%计算纳税额,而是将收入分成 2000 元、6000 元和 1000 元三部分,2000 元部分按 3%计算税金,6000 元按 7%计算税金,1000 元按 10%计算税金,共需要交纳 580 元税金。这也很好地解释了为什么 2000 元收入和 2001 元收入不会因相差 1 元而使得交纳税金有较大差别。

习题 6 解析

1. 写出下列程序的运行结果。

(1) 1.0

答案解析：本题考查循环结构和整型数据的运算语法知识。由于 k 是整型数据，其值在程序运行中始终大于 1，故 1/k 的计算结果始终为 0，因而 S 与 0 不断相加的结果始终不改变 S 的初始值。

(2) 1.0

答案解析：本题考查内层循环体循环执行次数及其语句执行结果。由于内层循环的循环变量初值大于终值，而步长为＋1(省略步长，默认为 1)，故内层循环体执行次数为 0，即不会被执行，因此 S 的值没有机会被改写，保持原来的 1.0 不变。

(3) N＝19

N＝28

N＝37

N＝46

N＝55

N＝64

N＝73

N＝82

N＝91

答案解析：阅读程序可知，本程序的功能是按从小到大的顺序输出个位数字与十位数字之和为 10 的所有两位数。

(4) 5　4　4　3　12

答案解析：本题考查对循环结构执行情况的理解。外层循环执行 4 次，内层循环执行 3 次，外层循环执行最后一次时，将循环变量 I 的当前值 4 赋值给变量 J，内层循环执行最后一次时将内层循环变量 K 的当前值 3 赋值给 L，M 计算内层循环体执行的次数，其值为 4×3＝12 次，循环结束后，内外层循环变量的值都要自增一个步长，即 I 为 5，K 为 4。

2.
```
INTEGER S
S = 0
DO I = 1,100,2
  S = S + I
ENDDO
PRINT *,"100 之内所有奇数之和为:",S
END
```

答案解析：本题是累加求和问题，只需注意“新和＝旧和＋加数项”，“新和与旧和是同一变量”，并找出加数项和循环变量间的关系即可顺利编程。

3.
```
REAL PI
```

```
PI = 0
DO I = 1,1000
  PI = PI + 1.0/(4 * I - 3) - 1.0/(4 * I - 1)
ENDDO
PRINT *,"π 约等于 ",PI * 4
END
```

答案解析：本题也是一个累加求和问题，算法多种多样，注意观察加数项的变化规律即可发现解决问题的方法。需要注意的是，累加问题中，加数项也可以灵活看作多项加数项的和。

4.
```
REAL NUM
INTEGER N0,NZ,NF
N0 = 0
NZ = 0
NF = 0
DO I = 1,20
  READ *,NUM
  IF(NUM > 0)THEN
    NZ = NZ + 1
  ELSEIF(NUM == 0)THEN
    N0 = N0 + 1
  ELSE
    NF = NF + 1
  ENDIF
ENDDO
PRINT *,"正数有",NZ,"个"
PRINT *,"零有",N0,"个"
PRINT *,"负数有",NF,"个"
END
```

答案解析：本题是统计特征数字的个数问题。从题意读者可以发现需要对输入的每一个数字进行正数、零和负数的判断，因而需要使用循环结构和多分支选择结构。因为要计数，所以需要使用计数器变量 N0、NZ、NF 分别统计 0、正数和负数的个数，计数器变量和赋值语句搭配(计数器变量＝计数器变量＋1)实现符合计数条件时计数器变量自增 1 的操作。

5.
```
INTEGER G,S,B,Q,M
M = 0
DO Q = 1,4
  DO B = 1,4
  DO S = 1,4
  DO G = 1,4
     N = Q * 1000 + B * 100 + S * 10 + G
     M = M + 1
     PRINT *,N
  ENDDO
  ENDDO
  ENDDO
ENDDO
PRINT *,"可能的四位数有",M,"个"
END
```

答案解析：四位数每个数位上的数字都可以是 1、2、3、4 中的任何一个，所以需要使用四重循环嵌套来编写程序。上面程序中从最外第一层到最内第四层依次是千位、百位、十位和个位上数字 1～4 的循环，最内层语句“N＝Q * 1000＋B * 100＋S * 10＋G”实现四位数的计算,“M＝M＋1”实现个数统计,显然共用这样的四位数 256 个。

6.
```
PARAMETER PI = 3.1415926
REAL X,COS,F
INTEGER::I = 0
PRINT *,"输入角度值: "
READ *,X
X = X * PI/180
COS = 1
F = 1
DO WHILE(ABS(F)> 1.0E - 6)
  I = I + 1
  F = - X * X/((2 * I - 1) * (2 * I)) * F
  COS = COS + F
ENDDO
PRINT 10,COS
10 FORMAT(F4.2)
END
```

答案解析：这是余弦函数的泰勒展式,读者在学习完正弦函数的编程后可顺利编写出程序。

7.
```
INTEGER M,N,NG,NS,NB
M = 0
DO N = 1000,500              !数据范围作为循环变量的初值和终值
  NG = MOD(N,10)             !计算待判断数的个位数字
  NS = MOD(N/10,10)          !计算待判断数的十位数字
  NB = N/100                 !计算待判断数的百位数字
  IF(MOD(NG + NS,10) == NB)THEN! 判断是否满足条件,若满足就打印并统计个数
    PRINT *,N
       M = M + 1
  ENDIF
ENDDO
PRINT *,"满足条件的数有",M,"个"
END
```

答案解析：本题是指定范围内满足特定条件数的输出问题。此类题目往往使用穷举法编程,读者可先构思单个满足条件数的判断问题,再将其置于循环结构内充当循环体。从题干中可获知穷举的范围是 100～500,具体计算数位上数字的方法见习题 5 的第 2 题解答。

8.
```
INTEGER S,F
PRINT *,"输入奇数 N: "
READ *,N
S = 0
F = 0
DO I = 1,N,2
  F = F + I
  S = S + F
ENDDO
PRINT *,S
END
```

答案解析：本题依旧是累加问题。将每一个括号内的累加视为一个加数项,即可直接用循环结构编程。注意,每一个加数项又是上一个加数项加一个新的奇数的和,所以循环体内的结构应该是“新加数项＝旧加数项＋新奇数”,“新和＝旧和＋新加数项”。本题也可以

用嵌套的 DO 循环完成,内嵌的循环完成括号内奇数的累加,外层 DO 循环完成括号之间的累加。程序如下:

```
INTEGER S,F
PRINT *,"输入奇数 N:"
READ *,N
S = 0
DO I = 1,N,2
   F = 0
   DO J = 1,I
      F = F + J
   ENDDO
  S = S + F
ENDDO
PRINT *,S
END
```

9.
```
INTEGER M,I,S
DO M = 2,10000
  S = 0
  DO I = 1,M - 1
     IF(MOD(M,I) == 0)S = S + I
  ENDDO
  IF(M == S)PRINT *,M,"是完数."
ENDDO
END
```

答案解析:本题是"特定数"类型的程序,读者首先要理解什么是完数,能想出判定完数的算法,这里根据完数的定义来判断外层循环变量 M(特定数的搜索指定范围,也就是穷举法的历遍范围)是否为完数。要判断 M 是否为完数,先要计算 M 的因子,并计算因子之和之后再进行判断。寻找因子并求和可以通过循环结构实现。

10.
```
H = 100
S = 0
DO N = 1,10
H1 = H/2
S = S + H + H1
H = H1
END DO
PRINT *,H,S
END
```

答案解析:本题是一个数学计算问题,读者先要根据题意获取数学模型。用 H 记录落地高度,H1 记录落地后的反弹高度,S 记录小球走过的路程,则适合编程的数学模型可以描述为:

```
1 H = 100          第 1 次落地前的高度
2 H1 = H/2         第 1 次反弹的高度
3 S = 0 + H + H1   第 1 次自由落地到第一次反弹到最高点所走过的路程
4 H = H1           第 2 次落地前的高度
5 H1 = H/2         第 2 次反弹的高度
6 S = S + H + H1   第 1 次自由落地到第二次反弹到最高点所走过的路程
```

从第 3 次开始,每次都是重复前一次的 3 个步骤。若将 H 和 S 的初值设为 100 和 0,则上述 2~4 操作就是不断重复的操作行为,可用循环结构实现编程。

11.
```
DO I = 1,11
  K = 6 - ABS(6 - I)
  PRINT 10,(J + (K - 1) * 6,J = 1,K)
ENDDO
10 FORMAT(<K>(I3,2X))
END
```

答案解析：本题是图像题，既要考虑输出数字的大小与行号的关系，也要考虑每行数字的个数与行号之间的关系。观察到本题数字图形关于第 6 行上下对称，可以利用对称性建立一个虚拟行号，使得数字个数、大小与虚拟行号之间产生对应关系。输出每行数据时为形成图形，需要有格式的输出，即每个数字占 3 列，数字之间保持 2 个空格，具体如下。

真实行号 I	虚拟行号 K	行首数字	每行数字个数及数字之间关系
1	1	1	1 个，大小为 1
2	2	7	2 个，从 7 开始以 1 为增量递增
3	3	13	3 个，从 13 开始以 1 为增量递增
4	4	19	4 个，从 19 开始以 1 为增量递增
5	5	25	5 个，从 25 开始以 1 为增量递增
6	6	31	6 个，从 31 开始以 1 为增量递增
7	5	25	5 个，从 25 开始以 1 为增量递增
8	4	19	4 个，从 19 开始以 1 为增量递增
9	3	13	3 个，从 13 开始以 1 为增量递增
10	2	7	2 个，从 6 开始以 1 为增量递增
11	1	1	1 个，大小 1
I	K=6−abs(6−I)	6*(K−1)+1	6*(K−1)+J，J=1，K

习题 7 解析

1. 写出下列语句的输出结果(其中□表示空格)。

(1) 150□□□12 *** □□022

(2) □□456.780□□□55.686 *********

(3) 0.457E+03□□□0.557E+02 ******

(4) □□□□T□□F

(5) hel□□□'how are you? hello

(6) PRINT 10,'hello',100

10 FORMAT(5X,A,2X,I3)

□□□□□hello□□100

(7) hello

□□100

答案解析:

(1) 本题考查输出数据的实际列宽与其对应输出格式指定列宽的关系,当实际列宽与格式指定列宽一致时不需任何特殊处理;当实际列宽小于格式指定列宽时需要在实际数据前补空格使得空格个数加实际数据列宽等于格式指定列宽;当实际列宽大于格式指定列宽时会显示格式指定列宽个数的“*”作为列宽不够的提示。本题中,第一个数据 150 的实际列宽为 3,格式编辑符 I3 的指定列宽也为 3,故原样输出;第二个数据 12 的实际列宽 2 小于 I5 的指定列宽 5,需要先补足 3 个空格再输出 12;第三个数据 1500 的实际列宽 4 大于 I3 指定的列宽 3,故显示 3 个“*”号;第四个数据 22 的实际列宽为 2,I5.3 要求输出数据占 5 列,且数字部分至少占 3 列,故先补充 2 个空格后将 22 按 022 形式输出。

(2) 本题考查实型数据的输出格式,包含实数实际列宽和格式指定列宽间的关系。456.78 实际列宽为 6 位,小数点后只有 2 位,而 F9.3 指定的列宽是 9 列、小数点后面保留 3 位有效数字。456.78 小数点后第三位添加 0 后成为 3 位,456.780 的列宽只有 7 位,需要在数据前添加两个空格凑成 9 列,故显示结果为“□□456.780”;55.6855 在保留 3 位小数后是 55.686,只有 6 列,需要添加 3 个空格凑够 9 列,故输出结果为“□□□55.686”;第三个输出数据 123450.6789 舍去一个小数位后为 123450.679,列宽 10 大于格式指定列宽,故用 9 个星号显示以表示列宽不够。

(3) 本题考查实型数据的格式 E 编辑符使用知识。EW.d 的格式中,W 是科学记数法实数所占据的列宽,其中 E 占 1 列,指数的正负号占 1 列,指数占 2 列,d 是指数型实数中小数部分小数点后面的位数。456.78 的科学记数法实数是 0.45678E+03,按 E9.3 输出时实际数是 0.457E+03,所占列宽正好为 9 列,原样输出;55.6855 的科学记数法实数是 0.556855E+02,按 E12.3 输出时实际数是 0.557E+02,所占列宽为 9 列,需要在数前面添加 3 个空格后输出,即“□□□0.557E+02”;123450.6789 保留小数点后 3 位情况下的数字为 0.123E+06,列宽为 8,超出格式指定列宽 6,故显示 6 个星号。

(4) 本题考查逻辑型数值对应的 L 格式编辑符的使用规则。逻辑真输出的是符号 T,逻辑假输出的是符号 F,LW 格式中 W 是指定的列宽。当 W 大于 1 时,需要在 T 或 F 前面补 W－1 个空格凑够 W 列。

(5) 本题考查字符型数据对应格式编辑符 A 的使用规则。AW 格式中,若格式指定列宽 W 大于字符串实际的列宽,则需要在字符数据前面补空格凑够 W 列。若格式指定列宽 W 小于字符串实际的列宽,并不会输出 * 号显示列宽不够,而是在字符串中从左至右截取前 W 个字符输出。当格式编辑符 A 后没有列宽时按实际字符串的长度输出。本题中 hello 的长度是 5,指定的列宽是 3,仅输出 hello 从左到右的前 3 个字符 hel;字符串“how are you?”的长度是 12,小于格式编辑符 A5 指定的列宽 15,在字符串前面补 3 个空格后输出“□□□how are you?”;hello 按 A 格式输出时原样输出,占据 5 列。

(6) 本题考查对 X、A 和 I 格式编辑符的理解与应用。格式编辑符 nX 中,n 是重复系数,表示输出 n 个空格,X 编辑符不需要对应的输出项。

(7) 本题考查对编辑符/的理解与应用。/表示结束本行输出另换一行输出,也可称为换行格式编辑符。本题中在格式说明语句中有两个/,故在输出 hello 之后有两个空白行,在第四行输出整数“□□100”。

2. 写出下列格式输入后变量的值(其中_表示空格)。

输入的数据	_－123	_1_68	23456	0.0126	_－00235	123E+2
编辑符	I3	I5	F7.3	F6.2	E7.2	E10.3
变量值	－1	168	23.456	0.0126	－2.35	12.3

答案解析:

(1) 只取三列中的数据赋值给对应输入变量,前三列内是空格、负号和 1,故输入变量的值是－1。

(2) 在指定的输入列宽内数字之间的空格不起作用,故 1 前后的空格不起作用,对应输入变量得到 168。

(3) 输入数据内没有小数点时按格式编辑符中指定的小数点位置确定输入数据的小数点位置。23456 中 F7.3 指定小数点后有 3 位数字,故对应输入变量的值是 23.456。

(4) 输入数据内有小数点位置时,格式编辑符中的小数点位置失效。

(5) 输入格式中 E 和 F 等价,功能上无区分。

(6) 按 10 列读取输入数据,此列宽内 123E+2 的值是 12 300,没有小数点,按 E10.3 中的规定添加小数点,为 12.300,赋值后对应输入变量的值就是 12.3。

习题8解析

```
1.(1)          1     2     3     4     5     6
               7     8     9    10    11    12
    1  2  3
    4  5  6
    7  8  9
   10 11 12
    1  4  7  10
    2  5  8  11
    3  6  9  12
(2)  10
     10
     10
     10
     10
(3) S=15.0
(4) K= 5
```

答案解析：

（1）本题考查数组的存储结构、逻辑结构和数组的输入输出相关知识。A是3行4列的二维整型数组，以数组名对数组进行初始化、赋值和输出时，是按照数组的存储结构对数组赋值或打印的，因此第一个表空格式的输出语句输出了数组的存储结构，也就是data语句中常量列表的顺序。PRINT 100,A则按100号语句的格式输出数组A的存储结构，由于输出数据为12个，格式编辑符只有3个，而每重复使用一次格式编辑符自动换一行，故最终输出数据4行，每行3个数，每个数占3列。最后一个有格式输出语句是按数组行的次序输出数组元素，即数组逻辑结构的次序。200号语句格式有4个I3，故每输出4个数后换一行，正好输出数组的逻辑结构形式。

（2）本程序的功能是计算数组A每行的所有数组元素之和S2，行标和列标相同数组元素的和。数组A在输入后，其逻辑结构为：

1 2 3 4 0

1 2 3 4 0

1 2 3 4 0

1 2 3 4 0

由于每行数字均为1 2 3 4 0，故每行所得和均为10，A(1,1)、A(2,2)、A(3,3)、A(4,4)的值分别为1、2、3、4，它们的和也是10。

（3）程序的功能是计算方阵的副对角线元素之和。X数组的逻辑结构为：

1 4 7

2 5 8

3 6 9

副对角线的元素 7 5 3 的和是 15，由于 S 的类型是实型，故 S 的值是 15.0。

(4) 外层循环第 1～9 个数，当第 i 个数不为零时，从它后面的数起逐一判断是否有和它相同的数，若有，则使其归零，最后一个循环统计 10 个数中非零数字的个数。显然，该程序的功能是删除 10 个数中重复的非零数字直至重复非零数只保留一个为止，使得 10 个数中非零数具有唯一性，最后计算非零唯一数的个数。知道了程序的功能，可将输入数据先转为 1,2,0,0,3,0,0,4,0,10，非零唯一数只有 5 个。

2.
```
INTEGER A(10)
DO I = 1,10
  READ * ,A(I)
ENDDO
PRINT * ,(A(I),I = 10,1, - 1)
END
```

答案解析：逆序输出，只需要倒着输出数组元素即可。注意，逆序输出不是逆序存储。

3.
```
PARAMETER N = 5
INTEGER A(N),MI,T
PRINT 10,"输入",N,"个数："
10 FORMAT(A,I2,A)
READ * ,A
PRINT 20,"原数列为：",A
MI = 1
DO I = 2,N
  IF(A(MI)< A(I))MI = I
ENDDO
T = A(MI)
DO I = MI - 1,1, - 1
  A(I + 1) = A(I)
ENDDO
A(1) = T
PRINT 20,"结果数列为：",A
20 FORMAT(A,< N > I4)
END
```

答案解析：用打擂台方法找到最大值的位置，将最大数插入第 1 个位置时，只需备份该最大数后，将其前面的数往后移动 1 位，然后将备份数复制到第 1 个位置。若最大数本来就在第 1 位，则不需要上述移动插入操作，而循环结构当初值大于终值，步长为负时也不会执行，也就不会移动数组元素，所以程序不变。

4.
```
PARAMETER N = 5
CHARACTER * 8 A(N),T
DO I = 1,N
  READ * ,A(I)
ENDDO
DO I = 1,N - 1
  K = I
  DO J = I + 1,N
    IF(A(K)> A(J))K = J
  ENDDO
```

```
    T = A(I)
    A(I) = A(K)
    A(K) = T
  ENDDO
  PRINT 10,A
  10 FORMAT(<N>(A,2X))
  END
```

答案解析：字符型数据同样可以比较大小，所以只需要建立字符数组存放国家名，按一维数组的排序算法从小到大排序即可。本题可用动态数组，也可用符号常量指定数组的长度。

5.(给出一种方法)

```
PARAMETER N = 6
DO I = 1,5
  PRINT 10,(J,J = I,N),(J,J = 1,I - 1)
ENDDO
10 FORMAT(<N>I4)
END
```

答案解析：本题是数字图形题，可以使用循环、字符串子串、数组等方法灵活编程。编程时注意观察每行的数字都是从行号数开始持续增大到 6，再从 1 连续增大到行号减 1，每行均有 6 个数。

6.(给出一种方法)

```
CHARACTER CH(6)
CH = (/"H","E","L","L","O","!"/)
DO I = 1,6
  PRINT *,(CH(J),J = I,6)
ENDDO
END
```

答案解析：本题是字符图形题，可以使用字符串子串、字符数组等方法灵活编程。

7.(略)

```
8. PARAMETER N = 10
   INTEGER NUM(N),YW(N),SX(N),YY(N),ZF(N),XH
   DO I = 1,N
     PRINT 10,"输入第",I,"个同学的学号和三门课成绩: "
     READ *,NUM(I),YW(I),SX(I),YY(I)
   ENDDO
   10 FORMAT(A,I2,A)
   ZF = 0
   DO I = 1,N
     ZF(I) = YW(I) + SX(I) + YY(I)
   ENDDO
   PRINT *,"输入要查询学生的学号: "
   READ *,XH
   DO I = 1,N
     IF(XH == NUM(I))EXIT
   ENDDO
   IF(I > N)THEN
     PRINT *,"查无此人"
   ELSE
     PRINT 20, "语文","数学","英语","总分"
```

```
    PRINT 30,YW(I),SX(I),YY(I),ZF(I)
  ENDIF
  20 FORMAT(1X,4(A4,2X))
  30 FORMAT(1X,4(I3,3X))
  END
```

答案解析：本题涉及多个数组的操作，核心是顺序检索。顺序检索通过循环结构用待搜索的学号与学号数组 NUM 中的每一个数组元素逐一比较，一旦找到相同的学号，就记录，并结束查找，此时由于检索的循环是半途结束，循环变量的当前值一定小于或等于循环变量的终值。反之，若待搜索的学号不在这个学号数组中，则检索的循环在执行完毕后结束循环，循环控制变量的当前值就会大于循环变量的终值。因此，可根据循环结束后循环变量的当前值与终值的关系判定是否检索到。根据检索反馈的信息，若检索到，则按学号数组和成绩数组中数组元素位置（即下标）相同的关系，输出该生的各科成绩。

9.
```
  PARAMETER N = 5
  INTEGER A(N),X
  DATA A/23,12,45,9,31/
  READ *,X
  DO I = 1,N
    IF(X == A(I))EXIT
  ENDDO
  IF(I > N)THEN
    PRINT *,"查无此数."
  ELSE
    PRINT *,X,"是数组中第",I,"个数."
  ENDIF
  END
```

答案解析：本题考查数据检索的算法，最简单的数据检索算法就是顺序检索。用待检索数据 X 与数据集合 A 的第一个直至最后一个中的每一个数据 A(i)去比对（即，判断是否相等），若相等，则检索到，反馈该数据在数据集合中的位置（即，数组元素下标值），并停止检索；若不等，则继续与数据集中的下一个数据比对，直到比对到最后一个为止。最终会出现两个结果：①若 X 在数据集合 A 中，则检索过程被中断，跳出检索循环，当前循环变量的值小于或等于循环变量终值；②若 X 不在数据集合 A 中，则检索过程是整个循环结构的自然结束，当前循环变量的值一定大于循环变量的终值。所以可以根据循环结束时循环变量的当前值与终值的关系辨别是否检索到该数据。

10. (1)

```
PARAMETER N = 5
REAL A(N,N),B(N,N)
PRINT *,"输入 5×5 矩阵："
READ *,((A(I,J),J = 1,N),I = 1,N)
PRINT *,"原矩阵："
DO I = 1,N
  PRINT 10,(A(I,J),J = 1,N)
ENDDO
DO I = 1,N
  DO J = 1,N
    B(J,I) = A(I,J)
  ENDDO
ENDDO
```

```
PRINT *,"转置矩阵: "
DO I = 1,N
  PRINT 10,(B(I,J),J = 1,N)
ENDDO
10 FORMAT(<N>F6.2)
END
```

(2)

```
PARAMETER N = 5
REAL A(N,N),S(N),T
PRINT *,"输入 5×5 矩阵: "
READ *,((A(I,J),J = 1,N),I = 1,N)
PRINT *,"原矩阵: "
DO I = 1,N
  PRINT 10,(A(I,J),J = 1,N)
ENDDO
S = 0
DO I = 1,N
   DO J = 1,N
      S(I) = S(I) + A(I,J)
   ENDDO
ENDDO
K = 1
DO I = 2,N
  IF(S(K)<S(I))K = I
ENDDO
IF(K/ = 1)THEN
  DO J = 1,N
    T = A(1,J)
    A(1,J) = A(K,J)
    A(K,J) = T
  ENDDO
ENDIF
PRINT *,"对调后的矩阵: "
DO I = 1,N
  PRINT 10,(A(I,J),J = 1,N)
ENDDO
10 FORMAT(<N>F6.2)
END
```

(3)

```
PARAMETER N = 5
REAL A(N,N),S(N),T
PRINT *,"输入 5×5 矩阵: "
READ *,((A(I,J),J = 1,N),I = 1,N)
PRINT *,"原矩阵: "
DO I = 1,N
   PRINT 10,(A(I,J),J = 1,N)
ENDDO
DO I = 1,N
   T = A(I,I)
   DO J = 1,N
     A(I,J) = A(I,J)/T
   ENDDO
ENDDO
PRINT *,"新的矩阵: "
```

```
DO I = 1,N
   PRINT 10,(A(I,J),J = 1,N)
ENDDO
10 FORMAT(< N > F6.2)
END
```

答案解析：

(1) 可以求出该矩阵的转置矩阵,然后输出转置矩阵的逻辑结构。也可以直接将原矩阵按列输出,在输出设备上展示原矩阵的转置矩阵。

(2) 首先声明矩阵,然后对矩阵赋值,再通过嵌套的循环计算矩阵每一行的和(外层循环是行循环,内层循环是列循环)。最后使用打擂台法找出行和最大的行,并与第一行互换对应列上的数组元素。通过输出检查是否实现目的。

(3) 对角线上的元素是 A(i,i)(即方阵中行标和列标相同的数组元素),给数组赋值后,在每一行内按列的次序将每个数组元素 A(i,j)和 A(i,i)做除法后再赋值给它即可。

11.
```
PARAMETER N = 4
REAL A(N,N)
INTEGER H1,L1,H2,L2
PRINT 200,"输入",N,"×",N,"的矩阵："
200 FORMAT(A,I1,A,I1,A)
READ *,((A(I,J),J = 1,N),I = 1,N)
PRINT *,"原矩阵："
DO I = 1,N
   PRINT 10,(A(I,J),J = 1,N)
ENDDO
10 FORMAT(< N > F6.2)
H1 = 1;L1 = 1
H2 = 1;L2 = 1
DO I = 1,N
   DO J = 1,N
     IF(A(I,J)> A(H1,L1))THEN
        H1 = I
        L1 = J
     ENDIF
     IF(A(I,J)< A(H2,L2))THEN
        H2 = I
        L2 = J
     ENDIF
     ENDDO
ENDDO
PRINT 300,"最大元素在第",H1,"行",L1,"列"
PRINT 300,"最小元素在第",H2,"行",L2,"列"
300 FORMAT(A,I1,A,I1,A)
END
```

答案解析：该题是打擂台法在二维数组中的应用,需要使用嵌套的二重循环。先让第一个数组元素 A(1,1)充当最初的最大值和最小值,最大值始终用 A(H1,L1)存放,最小值始终用 A(H2,L2)存放。

习题 9 解析

1. 答：错误的是(2)、(3)、(4)。

答案解析：语句函数的形参只能是不同名变量，不能是常量、表达式、数组元素等，赋值号后面是所有形参均参与的表达式，可包含已经定义的语句函数的调用和内部函数，但不能出现调用自己。因此本题中的错误原因是(2)中形参出现常量 6，(3)中形参出现数组元素 C(I)，(4)中表达式内出现正在声明的语句函数的调用。

2. A。

答案解析：先算第三个实参 P(2.0,1.0,3.0)的值为 2.0+1.0*3.0=5.0，再计算 P(2.0,3.0,5.0)的值为 2.0+3.0*5.0=17.0。本题的理解和数学上的复合函数一样。

3. (1) 1.1　2.2　3.3　4.4

　　7　4

　　N=4

(2) 1　1　1

　　2　2　2

　　3　3　3

　　4　4　4

(3) 4.0　3.0

(4) −2.3　2.6　−2.3　−4.6　−6.9　−9.2　−11.5　0.0

答案解析：

(1) 子程序的功能是将后两个参数的和反馈给主调程序单元，并使第一个参数的值自增 1。主程序中先对数组 A 进行初始化、对 N 赋值，再依次输出。第一个输出语句按一维数组的数组元素先后次序依次输出，结果为 1.1　2.2　3.3　4.4。第二个输出语句列表中出现对函数 NF 的调用，对应的实参在调用时 N=3，A(N)=A(3)=3.3，A(N+1)=A(4)=4.4，调用结束后 NF 获得的反馈值是 7(这里存在类型转换，7.7 转换为整型后为 7)，N 被改写为 4。第三个输出语句输出 N=4。

(2) 子程序的功能是矩阵的转置，主程序在准备好数组的值后通过调用子程序输出转置矩阵的逻辑结构。注意，按数组名输入时是按数组的存储结构顺序赋值的。

(3) 本题考查对公共区的理解和认知。下面题解图 9.1 中的 4 个方框代表公共区中的 4 个存储单元(变量)，主程序和子程序中它们的名字分别写在方框的上方和下方。子程序通过 B=A，C=D 改变了公共区中第一个和第二个位置的值。

(4) 本题考查对公共区的理解和认知。下面题解图 9.2 中的 8 个方框代表公共区中的 8 个存储单元，主程序和子程序中它们的名字分别写在方框的上方和下方。主程序对公共区中前 7 个存储单元赋值了，子程序在输出变量和数组的值时按照公共区中的对应关系进行输出。需要注意的是，在输出数组 T 时，数组元素 T(6)并没有通过主程序获得数值，故以 0.0 输出。

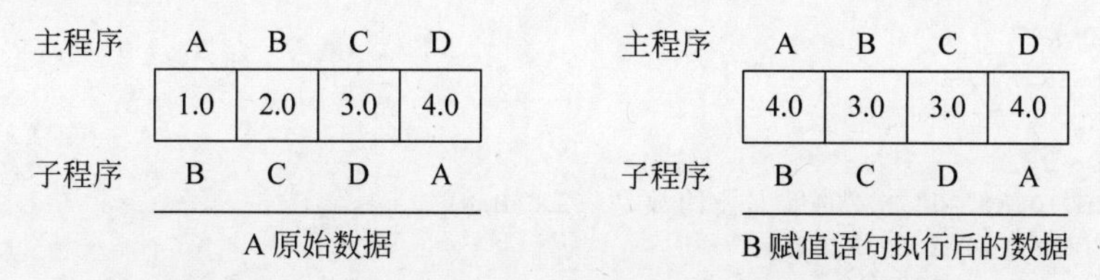

题解图9.1 习题9第3(3)题公共区中变量的改变过程

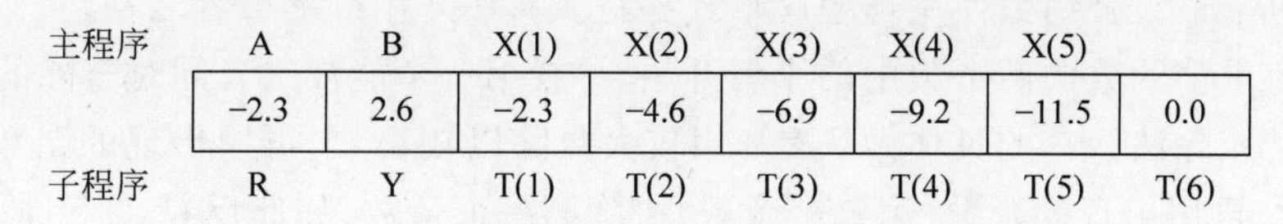

题解图9.2 习题9第3(4)题公共区对应变量和数组

4. (1)。

答案解析：B、C和D均正确。A选项中A(1)与B(2)等价，意味着A(2)与B(3)、A(3)与B(4)等价，这与后面建立的A(3)与B(3)等价相矛盾。

5.
```
PROGRAM XT5
  INTEGER N,K
  READ *,N,K
  PRINT *,SOP(N,K)
END

FUNCTION SOP(N,K)
  INTEGER N,K,I
  SOP = 0
  DO I = 1,N
    SOP = SOP + POWER(I,K)
  ENDDO
END

FUNCTION POWER(I,K)
  POWER = I * * K
END
```

答案解析：题目中两个子程序的函数关系很清晰，只需按函数子程序的格式将函数关系编写出来即可。SOP函数的功能是POWER函数的累加，故主程序直接对其调用即可。

6.
```
INTEGER FUNCTION GDC(A,B)
  INTEGER A,B,T,R
  IF(A < B)THEN
      T = A
      A = B
      B = T
    ENDIF
    DO I = B,1, - 1
      R = MOD(A,B)
      IF(R == 0)EXIT
      A = I
      B = R
    ENDDO
    GDC = B
  END
```

```
PROGRAM XT6
  INTEGER M,N,GDC
  PRINT *,"输入两个整数: "
  READ *,M,N
  PRINT 10,M,"和",N,"的最大公约数是",GDC(M,N)
  10 FORMAT(I4,A,I4,A,I4)
END
```

答案解析：最大公约数使用子程序形式编写。算法采用以下二者之一。

(1) 从待求公约数的两个数中的小者开始,寻找第一个能被二者同时整除的数。

(2) 辗转相除法。它的具体做法是：用较大数除以较小数,再用出现的余数(第一个余数)去除除数,再用出现的余数(第二个余数)去除第一个余数,如此反复,直到最后余数是 0 为止。如果是求两个数的最大公约数,那么最后的除数就是这两个数的最大公约数。本题提供的程序按辗转相除法编写。

7.
```
PROGRAM XT7
  CHARACTER * 8 CH
  INTEGER N,HEX,I
  PRINT *,"输入一个不超过 8 位的十六进制数: "
  READ *,CH
  N = LEN(CH)
  DO WHILE(N > 0.AND.CH(N:N) == ' ')
    N = N - 1
  ENDDO
  PRINT *,"对应的十进制数为: "
  PRINT *,HEX(CH,N)
END

! 将十六进制数转换为十进制数的子程序
INTEGER FUNCTION HEX(CH,N)
  CHARACTER * ( * ) CH
  INTEGER N,F
  S = 0
  F = 0
  I = 1
  DO I = 1,N
    SELECT CASE(CH(I:I))
      CASE("0":"9")
        F = (ICHAR(CH(I:I)) - 48)
      CASE("A":"F")
        F = (ICHAR(CH(I:I)) - 65 + 10)
      CASE("a":"f")
        F = (ICHAR(CH(I:I)) - 97 + 10)
      ENDSELECT
      S = S * 16 + F
  ENDDO
  HEX = S
END
```

答案解析：本题需要解决两个问题——十六进制数用什么数据类型解决其存储问题?十六进制数如何换算为十进制数? 由于整型变量只能接受十进制整数,因此不能把十六进制数直接赋值给整型变量,不妨对十六进制数添加引号,将其转换为字符型数据,用字符型数据类型解决其存储问题。接着再来解决字符型十六进制数转换为十进制数的问题。进位计数制的三要素是基数、数码和数位。十六进制数的数码是 0～9、A～F(a～f),共 16 个符号,故基数为 16。数位是数码在数中的位置,十进制数的数位从右到左依次是个位、十位、百位等,个位本质是 0 号数位,十位本质是 1 号数位。十六进制数的数位同理按从右往左标记为 0 号数位、1 号数位、2 号数位等。每个数位都有一个权值,十进制数百位(2 号数位)的权值是 10^2,十六进制数 2 号数位上的权值是 16^2。十六进制数换算为十进制数采用的是按其位权展开,如十六进制三位数 AB7,按其位权展开就是 $10\times16^2+11\times16+7=2743$。显然,十六进制数换算为十进制数时,需要知道十六进制数每个数位上数码对应的十进制数和数位上的权值,如上例中,AB7 中的 A 对应的十进制数是 10,其所在数位上的权值是 16^2。因为在存储时把十六进制数处理成了字符型数据,故在进制转换中就需要先把字符型数据中的每个字符还原成数值,这需要借助子串和 ICHAR 函数实现。子串可以获得字符型十六进制数各个数位上的数码字符,ICHAR 函数则可获取数位上数码字符的 ASCII 码,但该 ASCII 码并非数码对应的十进制数,还需要进一步处理才能得到。若数位上的字符是 0～9,则字符的 ASCII 码减去字符 0 的 ASCII 码就是该数码字符的十进制数;若数位上的数码字符是 A～F,则数码字符的 ASCII 码减去字符 A 的 ASCII 码(65)就是数码字符的十进制数;若数位上的数码字符是 a～f,则数码字符的 ASCII 码减去字符 a 的 ASCII 码(97)就是数码字符的十进制数。最后计算整个十六进制数的十进制大小,就可以实现十六进制数转换为十进制数。由于需要通过循环结构对字符串中的每一个字符进行上述转换操作,可以借助数码累乘基数 16 加下一位数码实现上面的“按其位权展开”运算。以十六进制数 AB7 为例,S 记录它的十进制数,未计算时 S 的初始值为 0,F 临时存储从高位到低位(即从左到右)每一数位上十六进制数码对应的十进制数,其初始值也为 0。第一次循环计算第一个数位上的数码 A 的十进制数,F 得到 10,$S=0\times16+10$;第二次循环计算第二个数位上的数码 B 的十进制数,F 得到 11,$S=10\times16+11$,值是 171;第三次循环计算第三个数位上的数码 7 的十进制数,F 得到 7,$S=171\times16+7$,值是 2743。

8.
```
PROGRAM XT8
   COMMON /CMN1/ M,N
   COMMON /CM2/ A,B
   REAL A(7)
   REAL B(4)
   N = SIZE(A)
   M = SIZE(B)
   PRINT 5,"输入 A 序列的",N,"个数"
   READ * , A
   PRINT 50,"输入 B 序列的",M,"个数"
   READ * ,B
   50 FORMAT(A,I2,A)
   PRINT * ,"A 序列: "
   PRINT 10,(A(I),I = 1,N)
   PRINT * ,"B 序列: "
   PRINT 20,(B(I),I = 1,M)
   CALL RELEASE(A,B) !调用删除子程序
   PRINT * ,"从 A 中删除 B 中出现的数后,A 序列: "
   PRINT 10,(A(I),I = 1,N)
   10 FORMAT(< N > F6.2)
   20 FORMAT(< M > F6.2)
END
```

```
! 删除子程序
SUBROUTINE RELEASE(A,B)
  COMMON /CMN1/ M,N
  REAL A(N),B(M)
  I = 1
  DO WHILE(I <= N)
    J = 1
    DO WHILE(J <= M)
      IF(A(I) == B(J)) THEN
        DO K = I,N - 1
          A(K) = A(K + 1)
        ENDDO
        N = N - 1
      ENDIF
      J = J + 1
    ENDDO
    I = I + 1
  ENDDO
END
```

答案解析：本题考查数据删除操作。例题 8～12 介绍了数据删除的算法，本题待删除的数据在 B 数组中，故需要使用嵌套的循环结构实现。编程时采用公共区和形参与实参的虚实结合共同实现主程序和子程序的数据通信。子程序的算法是将 A 数组中的每一个数与 B 数组中的所有数逐一比较，若有相同，就删除 A 数组中的这个数，并减少 A 数组的数组元素个数(1 个)。重复这个过程直到 A 数组中的最后一个数比较完毕为止。

9.
```
PROGRAM XT9
  PRINT 10,"方法号","1 角硬币个数","2 角硬币个数","5 角硬币个数"
  10 FORMAT(A6,6X,3(A12,6X))
  CALL DOIT()
END

! 子程序
SUBROUTINE DOIT()
  LOGICAL ISOK
  INTEGER:: A(3),COUNT = 0,N
  A = (/1,2,5/)
  DO I = 0,2
    DO J = 0,5
      DO K = 0,10
        IF(A(1) * K + A(2) * J + A(3) * I == 10)THEN
          COUNT = COUNT + 1
          PRINT 20,COUNT,K,J,I
        ENDIF
      ENDDO
    ENDDO
  ENDDO
  20 FORMAT(I4,8X,3(I6,12X))
END
```

答案解析：本题是组合问题的编程。由单面额硬币构成 1 元的方案只有以下 3 种：①2 个 5 角硬币；②5 个 2 角硬币；③10 个 1 角硬币。当由不同种面额的硬币组成时，每种面额硬币的个数不能超过单一硬币组成的上限。故可以用三重循环进行试算。本参考答案中最外层循环是 5 角硬币个数的循环，中间循环是 2 角硬币个数的循环，最内层是 1 角硬币个数的循环。

10.
```
! 角夫猜想子程序
SUBROUTINE JIAOFU(N)
  INTEGER:: N,M
  M = 0
  DO WHILE(N/ = 1)
    M = M + 1
    IF(N == 1) THEN
      PRINT *,"第",M,"次验证后的值是",N
      EXIT
    ELSE IF(MOD(N,2) == 0)THEN
      N = N/2
      PRINT *,"第",M,"次验证后的值是",N
    ELSE
      N = 3 * N + 1
      PRINT *,"第",M,"次验证后的值是",N
    ENDIF
  ENDDO
END

PROGRAM XT10
  INTEGER K
  PRINT *,"任意输入一个自然数,验证角夫猜想"
  READ *,K
  CALL JIAOFU(K)
END
```

答案解析：验证猜想需要大量的验算，验证者设置的结束条件被触发才能结束。本题中设置输入的数据变为 1 时结束验证。验证猜想需要大量的输出，通过输出观察数据变化，获取规律，因此需要输出每一次验证后的值。

11.
```
PROGRAM XT11
  INTEGER N
  PRINT *,"输入台阶数: "
  READ *,N
  PRINT *,"走出的方案: "
  CALL STAIRS(N)
END

RECURSIVE SUBROUTINE STAIRS(N)
  INTEGER:: N,COUNT = 0,STACK(1024),STEPS = 0
  SAVE STACK,STEPS,COUNT
  IF(N == 0)THEN
    COUNT = COUNT + 1
    PRINT 10,"第",COUNT,"种走法,需要",STEPS,"步:"
    10 FORMAT(A,I4,2X,A,I2,A,\)
    PRINT 20,(STACK(I),I = 1,STEPS)
    20 FORMAT(< STEPS > I4)
  ENDIF
  IF(N > = 1)THEN
    STEPS = STEPS + 1
    STACK(STEPS) = 1
    CALL STAIRS(N - 1)
```

```
        STEPS = STEPS - 1
      ENDIF
      IF(N>=2)THEN
        STEPS = STEPS + 1
        STACK(STEPS) = 2
        CALL STAIRS(N-2)
        STEPS = STEPS - 1
      ENDIF
      IF(N>=3)THEN
        STEPS = STEPS + 1
        STACK(STEPS) = 3
        CALL STAIRS(N-3)
        STEPS = STEPS - 1
      ENDIF
    END
```

12. 分析：方阵指行数和列数相等的矩阵，主对角线上的元素其行标 I 和列标 J 相等，对数组名为 A 的方阵，A(I,I)就是主对角线上数组元素的通用名。副对角线上的元素其行标 I 和列标 J 之和等于矩阵总行数加 1，对 N 行 N 列的数组 A，A(I,N＋1－I)就是副对角线上数组元素的通用名。

```
!求主对角线上所有元素和的函数
REAL FUNCTION SUM_ZHU(A,M)
  REAL A(M,M)
  SUM_ZHU = 0
  DO I = 1,M
  SUM_ZHU = SUM_ZHU + A(I,I)
  ENDDO
END
!求副对角线上所有元素和的函数
REAL FUNCTION SUM_FU(A,M)
  REAL A(M,M)
  SUM_FU = 0
  DO I = 1,M
  SUM_FU = SUM_FU + A(I,M + 1 - I)
  ENDDO
END

PROGRAM XT12
  REAL A(3,3)
  REAL B(9)
  EQUIVALENCE(A,B)
  B = (/1,5,3,10,2,6,8,9,5/)
  DO I = 1,3
  PRINT *,(A(I,J),J = 1,3)
  ENDDO
  PRINT *,"上面方阵的主对角元素之和是：",SUM_ZHU(A,3)
  PRINT *,"上面方阵的副对角元素之和是：",SUM_FU(A,3)
END
```

13. 分析：当盘子只有一个，即 DISKN＝1 时，移动盘子的步骤只有一个，即，从 A 柱移动到 C 柱。为了描述方便，这里采用题解表 9.1 的形式。

题解表9.1 只有一个盘子时的移动步骤

盘子个数	步骤号	盘子编号	起点柱号	目的地柱号	说明
1	1	1	A	C	盘1从A柱移动到C柱

注意,当前目标盘1是由A柱移动到C柱,可以通过语句"CALL HANOITOWER(1,"A柱","B柱","C柱")"实现以上操作过程,其中第1个参数是盘子数目,第2个参数是起点柱编号,第3个参数是中间柱编号,第4个参数是目的地柱编号(注意,子程序HANOITOWER还未定义,先假定它存在)。

当盘子只有2个,即DISKN=2时,移动盘子的步骤变成了3(2^2-1)个,如题解表9.2所示。

题解表9.2 2个盘子时的移动步骤

盘子个数	步骤号	盘子编号	起点柱号	目的地柱号	说明
2	1	1	A	B	盘1从A柱移动到B柱
	2	2	A	C	盘2从A柱移动到C柱
	3	1	B	C	盘1从B柱移动到C柱

换个角度看问题,把2个盘子视为当前目标盘2和2上面的所有盘子(当前只有一个),则2个盘子移动的3个操作步骤可以看成如下3个过程。

① 先把当前目标盘2上的所有盘子(当前只有一个,即盘1)移动到B柱,这个行为可以视为DISKN=1问题中目的柱更换为B柱的汉诺塔问题,通过语句"CALL HANOITOWER(1,"A柱","C柱","B柱")"实现。

② 把当前盘盘2由A柱移动到C柱,可通过语句"CALL HANOITOWER(1,"A柱","B柱","C柱")"实现。

③ 将原本步骤①中移动到B柱的盘2以上的所用盘子(当前只有一个,即盘1)借助A柱(当前不借助)移动到C柱,可通过语句"CALL HANOITOWER(1,"B柱","A柱","C柱")"实现。

以上所有操作过程假设通过调用子程序,即语句"CALL HANOITOWER(2,"A柱","B柱","C柱")"实现,从中可知子程序HANOITOWER应该是一个递归子程序。

当盘子只有3个,即DISKN=3时,移动盘子的步骤变成了7(2^3-1)个,如题解表9.3所示。

题解表9.3 3个盘子时的移动步骤

盘子个数	步骤号	盘子编号	起点柱号	目的地柱号	说明
3	1	1	A	C	盘1从A柱移动到C柱
	2	2	A	B	盘2从A柱移动到B柱
	3	1	C	B	盘1从C柱移动到B柱
	4	3	A	C	盘3从A柱移动到C柱
	5	1	B	A	盘1从B柱移动到A柱
	6	2	B	C	盘2从B柱移动到C柱
	7	1	A	C	盘1从A柱移动到C柱

换个角度看问题,把3个盘子视为当前目标盘3和3上面的所有盘子(当前有2个),则

3 个盘子移动的 7 个操作步骤可以看成如下 3 个过程。

① 先把当前目标盘 3 上的所有盘子(当前有 2 个,即盘 1 和盘 2)借助 C 柱移动到 B 柱,这个行为可以视为 DISKN=2 问题中目的柱更换为 B 柱的汉诺塔问题,通过语句"CALL HANOITOWER(2,"A 柱","C 柱","B 柱")"实现。

② 把当前盘 3 由 A 柱移动到 C 柱,可通过语句"CALL HANOITOWER(1,"A 柱","B 柱","C 柱")"实现。

③ 将原本步骤①中移动到 B 柱的所有盘子(当前有 2 个,即盘 1 和盘 2)借助 A 柱移动到 C 柱,可通过语句"CALL HANOITOWER(2,"B 柱","A 柱","C 柱")"实现。

当盘子有 N 个时,即 DISKN=N,移动盘子的步骤变成了 2^N-1 个,依然将 N 个盘子视为当前目标盘 N 和 N 上面的所有盘子(当前有 $N-1$ 个),则 N 个盘子移动的 2^N-1 个操作步骤可以看成如下 3 个过程。

① 先把当前目标盘 N 上的所有盘子(当前有 $N-1$ 个)借助 C 柱移动到 B 柱,这个行为可以视为 DISKN=$N-1$ 问题中目的柱更换为 B 柱的汉诺塔问题,通过语句"CALL HANOITOWER(N-1,"A 柱","C 柱","B 柱")"实现。

② 把当前盘 N 由 A 柱移动到 C 柱,可通过语句"CALL HANOITOWER(N,"A 柱","B 柱","C 柱")"实现。

③ 将原本步骤①中移动到 B 柱的所有盘子(当前有 $N-1$ 个)借助 A 柱移动到 C 柱,可通过语句"CALL HANOITOWER(N-1,"B 柱","A 柱","C 柱")"实现。

```
!汉诺塔问题的递归子程序
RECURSIVE SUBROUTINE HANOITOWER(DISKN,A,B,C)
    INTEGER ::DISKN
    CHARACTER*(*) A,B,C
    INTEGER,SAVE:: M = 0
    IF(DISKN == 1)THEN
        M = M + 1
        PRINT *,"第",M,"步,盘从",A,"移动到",C
        RETURN
    ELSE
        CALL HANOITOWER(DISKN - 1,A,C,B)
        CALL HANOITOWER(1,A,B,C)
        CALL HANOITOWER(DISKN - 1,B,A,C)
    ENDIF
END

PROGRAM XT13
    INTEGER N
    PRINT *,"请输入汉诺塔问题中要移动的盘子数目"
    READ *,N
    CALL HANOITOWER(N,"A 柱","B 柱","C 柱")
END
```

编译连接,形成可执行程序后,输入测试盘数 4,程序运行结果如题解图 9.3 所示。

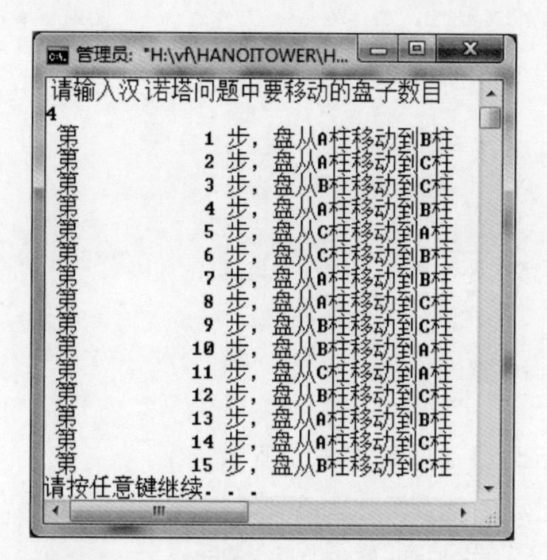

题解图 9.3　汉诺塔盘数为 4 时的运行结果

盘子具体的移动步骤如题解表 9.4 所示。

题解表 9.4　4 个盘子时的移动步骤

盘子个数	步骤号	盘子编号	起点柱号	目的地柱号	说明
4	1	1	A	B	盘 1 从 A 柱移动到 B 柱
	2	2	A	C	盘 2 从 A 柱移动到 C 柱
	3	1	B	C	盘 1 从 B 柱移动到 C 柱
	4	3	A	B	盘 3 从 A 柱移动到 B 柱
	5	1	C	A	盘 1 从 C 柱移动到 A 柱
	6	2	C	B	盘 2 从 C 柱移动到 B 柱
	7	1	A	B	盘 1 从 A 柱移动到 B 柱
	8	4	A	C	盘 4 从 A 柱移动到 C 柱
	9	1	B	C	盘 1 从 B 柱移动到 C 柱
	10	2	B	A	盘 2 从 B 柱移动到 A 柱
	11	1	C	A	盘 1 从 C 柱移动到 A 柱
	12	3	B	C	盘 3 从 B 柱移动到 C 柱
	13	1	A	B	盘 1 从 A 柱移动到 B 柱
	14	2	A	C	盘 2 从 A 柱移动到 C 柱
	15	1	B	C	盘 1 从 B 柱移动到 C 柱

上面程序没有考虑每次移动时盘子的编号，分析题解表 9.2、题解表 9.3 和移动盘子的 3 个过程，可以观察到在移动盘子的第 2 过程中，盘子编号都是原本在 A 柱上的总盘子数，为此引入第 4 个参数来传递盘子编号，修改上述程序如下：

```
RECURSIVE SUBROUTINE HANOITOWER(DISKN,A,B,C,K)
  INTEGER ::DISKN,K
  CHARACTER*(*) A,B,C
  INTEGER,SAVE:: M=0
  IF(DISKN==1)THEN
      M=M+1
      PRINT*,"第",M,"步,第",K,"盘从",A,"移动到",C
      RETURN
  ELSE
      CALL HANOITOWER(DISKN-1,A,C,B,K-1)
```

```
        CALL HANOITOWER(1,A,B,C,K)
        CALL HANOITOWER(DISKN - 1,B,A,C,K - 1)
    ENDIF
    END

    PROGRAM ZHU
    INTEGER N,K
    PRINT *,"请输入汉诺塔问题中要移动的盘子数目"
    READ *,N
    K = N
    CALL HANOITOWER(N,"A 柱","B 柱","C 柱",K)
  END
```

输入盘子数 4,运行后结果如题解图 9.4 所示。

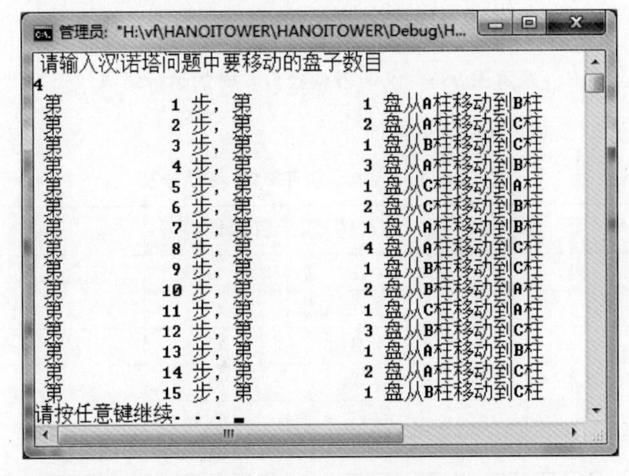

题解图 9.4 汉诺塔盘数为 4 时的运行结果(带盘子编号)

习题 10 解析

1. D。
2. A。
3. 24.0。

其他题的答案略,可参阅主教材第 11 章“派生数据类型与结构体”中的应用。

习题 11 解析

1. 分析：本题只要求定义派生类和该类下的结构体数组。在派生类的定义中，关键是确保其成员的完整性和成员类型的正确性，本题学生信息在题目中已经非常明确，其成员分别是学号、姓名、性别、年龄、家庭住址、5 门课程成绩，对应类型分别是整型、字符型、逻辑型、整型、字符型和数组类型，派生类可定义如下：

```
TYPE STUDENT_RECORD            !定义派生类 STUDENT_RECORD
INTEGER NUM                    !声明派生类 STUDENT_RECORD 的各个成员类型及其名称
CHARACTER * 10 NAME
LOGICAL SEX
INTEGER AGE
CHARACTER * 30 ADDRESS
REAL SCORE(5)
END TYPE                       !派生类 STUDENT_RECORD 的定义结束

TYPE(STUDENT_RECORD) STU(50)  !定义一个能保存全班 50 人信息的结构体数组
```

2. 分析：根据题目描述，首先需要创建一个派生类，该类包含的成员是学号、姓名、性别和成绩，然后定义该类下的一个长度为 10 的一维结构体数组，通过一个文件将 10 个学生的信息传递给定义的结构体数组，对数组元素的成绩成员和 60 进行比较，若该数组元素的成绩成员比 60 小，则输出该成员到屏幕或指定文件。

编程如下：

```
TYPE STUDENT_INFORMATION
INTEGER NUM
CHARACTER * 10 NAME
CHARACTER * 2 SEX
REAL SCORE
END TYPE
TYPE(STUDENT_INFORMATION) STU(10)
INTEGER I
OPEN(10,FILE = "STU_INFORMATION.TXT")
DO I = 1,10
  READ(10,100) STU(I)
ENDDO
PRINT *,"学 号"," 姓 名 ","性别"," 成 绩"
DO I = 1,10
  IF(STU(I).SCORE < 60) PRINT 100,STU(I)
ENDDO
100 FORMAT(I8,2X,A10,2X,A2,2X,F6.1)
END
```

程序中的数据文件内容如下，格式为：学号占 6 列，空 2 列；姓名占 10 列，空 2 列；性别占 2 列，空 2 列；成绩占 6 列(实际占用 4 列)(注意，一个汉字占 2 列)。

```
20170101  李明明      男  89.5
20170102  陆小强      男  64.0
20170103  司马明白    男  53.5
```

```
20170104  欧阳蓝旗    女  78.5
20170105  李百        男  99.5
20170106  斯琴格日乐  女  48.5
20170107  王强        男  77.5
20170108  李立峰      女  51.5
20170109  陈刚        男  90.0
20170110  陆有        男  84.0
```

程序运行结果如题解图 11.1 所示。

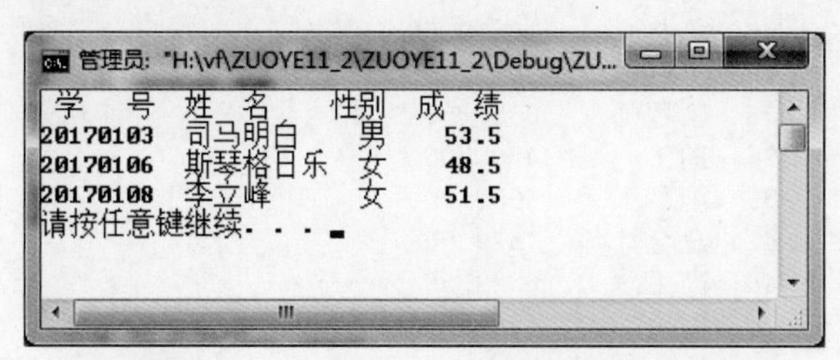

题解图 11.1 习题 11 第 2 题的程序运行结果

3. 分析：首先创建一个名为 WORKER 的派生类型，其成员有职工号、姓名、年龄、职称、工资，成员类型依次是整型、字符型、整型、字符型、实型。建立元素为 WORKER 类型、长度为 10 的一维结构体数组，存储 10 名职工的信息，采用打擂台法寻找结构体数组中工资成员最大和最小的数组元素，打印这两个数组元素可得到职工中工资最高者和最低者的所有信息。建立两个简单变量，分别存储 10 名职工的总工资和平均工资。

程序编写如下：

```
TYPE WORKER
  INTEGER NUM
  CHARACTER * 10 NAME
  INTEGER AGE
  CHARACTER * 8 TITLE
  REAL SALARY
ENDTYPE
TYPE(WORKER) CLIENT(10)
INTEGER I,MAX,MIN
REAL TOTAL_SALARY,AVE_SALARY
OPEN(10,FILE = "WORKER_INFORMATION.TXT")
DO I = 1,10
  READ(10,100) CLIENT(I)
ENDDO
MAX = 1
MIN = 1
DO I = 2,10
    IF(CLIENT(I).SALARY > CLIENT(MAX).SALARY) MAX = I
    IF(CLIENT(I).SALARY < CLIENT(MIN).SALARY) MIN = I
ENDDO
PRINT *,"最高工资职工的所有信息为: "
PRINT 100,CLIENT(MAX)
PRINT *,"最低工资职工的所有信息为: "
PRINT 100,CLIENT(MIN)
DO I = 1,10
    TOTAL_SALARY = TOTAL_SALARY + CLIENT(I).SALARY
ENDDO
AVE_SALARY = TOTAL_SALARY/10
```

```
PRINT *,"所有职工的总工资为：",TOTAL_SALARY,"所有职工的平均工资为：",AVE_SALARY
100 FORMAT(I8,2X,A10,I2,2X,A8,2X,F10.2)
END
```

数据文件 WORKER_INFORMATION.TXT 的内容如下，其格式为“I8,2X,A10,I2,2X,A8,2X,F10.2”。

```
10000001  王宝尔    48  会计师    5689.50
10000002  刘天      41  高工      6800.50
10000003  欧阳云朵  58  总共      12650.50
10000004  白丽莎    48  工程师    8989.50
10000005  段佳怡    36  工程师    8350.50
10000006  黄梦瑶    26  助工      4200.00
10000007  张朵朵    36  副高工    6600.00
10000008  罗程旭    42  总会计师  7529.50
10000009  王春梅    44  高工      6629.50
10000010  谢琳玲    26  助工      4869.00
```

程序运行结果如题解图 11.2 所示。

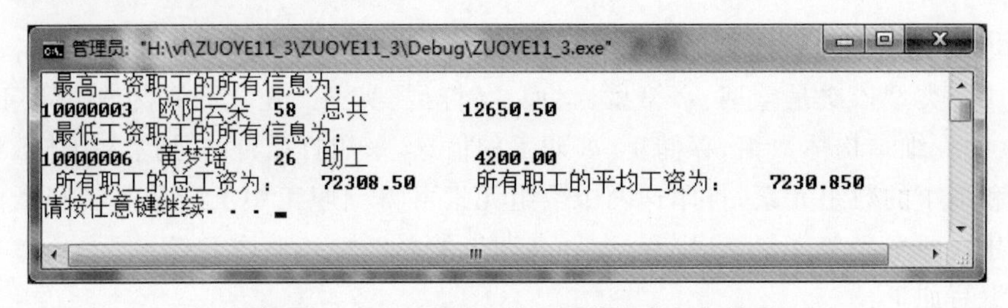

题解图 11.2 习题 11 第 3 题的程序运行结果

4. 分析：由于要输出排序后数字原来的次序号，因此每个数据都要有两个信息，一个是其本身的值，另一个是其排序前的序列号，这可以通过创建包含一个整型变量和一个实型变量的派生类 NUMBER 来实现。10 个数的排序问题比较常见，这里可以使用子程序完成。

先编写存放派生类的模块，以方便在主程序和子程序中使用。

```
MODULE AA
  TYPE NUMBER
  INTEGER ORDER
  REAL VALUE
  END TYPE
END MODULE
```

采用选择法编写排序子程序如下：

```
SUBROUTINE SORT(A,N)
USE AA
TYPE(NUMBER) A(N),T
INTEGER N
DO I = 1,N - 1
   P = I
   DO J = I,N
   IF(A(P).VALUE > A(J).VALUE) P = J
   ENDDO
   T = A(I)
   A(I) = A(P)
   A(P) = T
ENDDO
END
```

主程序编写如下：

```
USE AA
TYPE(NUMBER) NUM(10)
INTEGER I
PRINT *,"请输入 10 个待排序的数,每输入一个数后按 Enter 键"
DO I =1,10
    NUM(I).ORDER = I
    READ *,NUM(I).VALUE
ENDDO
PRINT *,"排序前这 10 个数顺序及其值是："
DO I =1,10
    PRINT *, NUM(I).ORDER, NUM(I).VALUE
ENDDO
CALL SORT(NUM,10)
PRINT *,"排序后这 10 个数及其原来的顺序是："
DO I =1,10
    PRINT *, NUM(I).ORDER, NUM(I).VALUE
 ENDDO
END
```

程序运行结果如题解图 11.3 所示。

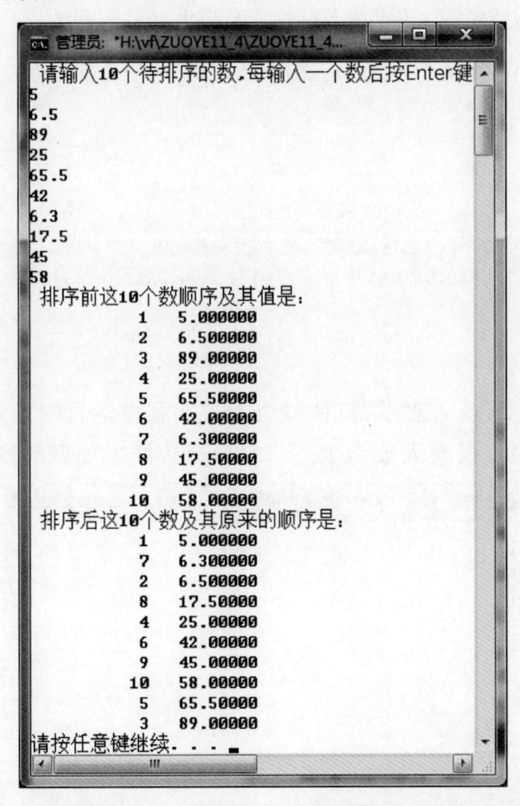

题解图 11.3　习题 11 第 4 题的程序运行结果

5. 分析：从题目上看,候选人的信息包括候选人姓名、票数、票数百分比,因此建立一个包含 3 个成员的派生类来处理此问题。若投票人给某位候选人投票,则该候选人的票数增加 1,可通过字符串的比较确定投票人给哪位候选人投票。编写程序如下：

```
TYPE VOTE
  CHARACTER * 6 NAME
  INTEGER TICKET
  REAL PERCENT
END TYPE
TYPE(VOTE) CANDIDATE(5)
CHARACTER * 6 NAME
CANDIDATE = (/VOTE("张三",0,0),VOTE("李四",0,0),VOTE("王五",0,0),&
          VOTE("赵六",0,0),VOTE("钱七",0,0)/)
PRINT * ,"请输入投票人数"
READ * ,N
DO I = 1,N
    READ * ,NAME
    SELECT CASE(NAME)
    CASE("张三")
        CANDIDATE(1).TICKET = CANDIDATE(1).TICKET + 1
    CASE("李四")
        CANDIDATE(2).TICKET = CANDIDATE(2).TICKET + 1
    CASE("王五")
        CANDIDATE(3).TICKET = CANDIDATE(3).TICKET + 1
    CASE("赵六")
        CANDIDATE(4).TICKET = CANDIDATE(4).TICKET + 1
    CASE("钱七")
        CANDIDATE(5).TICKET = CANDIDATE(5).TICKET + 1
    CASE DEFAULT
        PRINT * ,"废票"
    ENDSELECT
ENDDO
DO I = 1,5
    CANDIDATE(I).PERCENT = CANDIDATE(I).TICKET * 1.0/N
    PRINT * ,"候选人",CANDIDATE(I).NAME,"得",CANDIDATE(I).TICKET,"得票率",CANDIDATE(I).
PERCENT * 100,"%"
ENDDO
END
```

这里将投票人数用变量 N 表示,具体投票人数在程序运行时通过键盘输入。为了节省输入时间,程序运行时输入投票人数为 12 人,程序运行结果如题解图 11.4 所示。

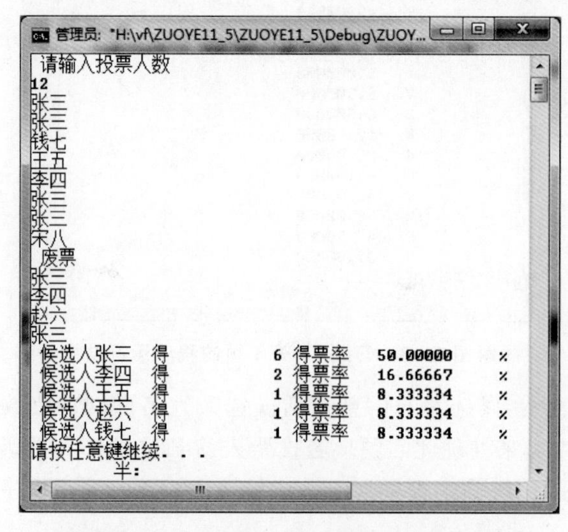

题解图 11.4 习题 11 第 5 题的程序运行结果

6. 分析：从题目看，教室的信息包括教室编号、座位数和是否被占用，班级教室分配信息包括班级编号、人数、有无占用教室、教室编号和座位数。20 间教室的信息可通过一个派生类的结构体数组来处理，班级教室分配可通过班级教室派生类的结构体数组处理，由于没有指定班级个数，需要使用动态数组。总之，本题需要建立两个派生类。编程如下：

```
TYPE ROOM
    INTEGER NUM
    INTEGER SEAT
    LOGICAL OCCUPATION
ENDTYPE
TYPE CLASS_ROOM
    CHARACTER * 16 NAME
    INTEGER PERSON
    LOGICAL OCCUPATION
    INTEGER ROOM
    INTEGER SEAT
ENDTYPE
INTEGER N,I
TYPE(ROOM) CLASSROOM(20)
TYPE(CLASS_ROOM),ALLOCATABLE::CLASS1(:)
PRINT *,"输入班级个数"
READ *,N
ALLOCATE(CLASS1(N))
CLASSROOM = (/ROOM(1,45,.FALSE.),ROOM(2,45,.FALSE.),ROOM(3,45,.TRUE.),&
        ROOM(4,45,.FALSE.) ,ROOM(5,60,.FALSE.),ROOM(6,60,.FALSE.),&
        ROOM(7,60,.FALSE.),ROOM(8,60,.FALSE.), ROOM(9,80,.FALSE.),&
        ROOM(10,80,.FALSE.),ROOM(11,80,.FALSE.),ROOM(12,80,.FALSE.),&
        ROOM(13,120,.FALSE.),ROOM(14,120,.FALSE.),ROOM(15,120,.FALSE.),&
        ROOM(16,120,.FALSE.), ROOM(17,150,.FALSE.),ROOM(18,150,.FALSE.),&
        ROOM(19,150,.FALSE.),ROOM(20,240,.FALSE.)/)
DO I = 1,N
    PRINT *,"请输入需要分配的第",I,"个班的班级名称、班级人数"
    READ *,CLASS1(I).NAME
    READ *,CLASS1(I).PERSON
    DO J = 1,20
        IF(.NOT.CLASSROOM(J).OCCUPATION)THEN
            IF(CLASS1(I).PERSON < CLASSROOM(J).SEAT)THEN
                CLASS1(I).OCCUPATION = .TRUE.
                CLASSROOM(J).OCCUPATION = .TRUE.
                CLASS1(I).SEAT = CLASSROOM(J).SEAT
                CLASS1(I).ROOM = CLASSROOM(J).NUM
                EXIT
            ENDIF
        ENDIF
    ENDDO
    PRINT 10,CLASS1(I).NAME,CLASS1(I).PERSON,"人,分配教室编号,CLASS1(I).ROOM,&",有座位",
CLASS1(I).SEAT
ENDDO
10 FORMAT(A16,I3,A,I3,A,I4)
END
```

以 4 个班级为例，验证程序编写的正确性，程序运行结果如题解图 11.5 所示。

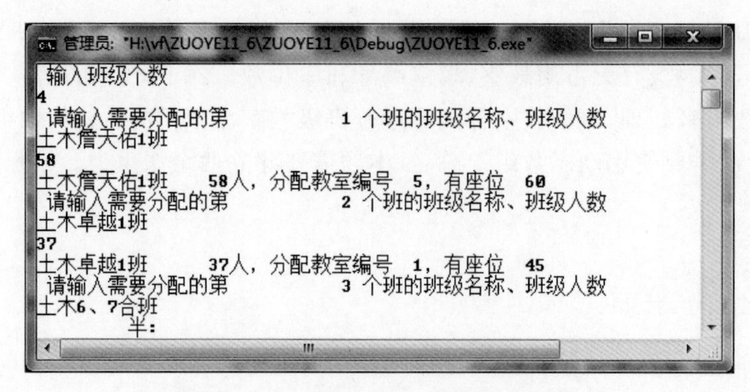

题解图 11.5 习题 11 第 6 题程序运行结果

7. 分析：该题在例 11-3 中已通过键盘输入、屏幕输出的方式完成，现在按题目要求只需要变更输入输出方式，这一点可以参考例 11-4。程序改写如下：

```
PARAMETER(N = 10)
TYPE STUDENT_RECORD
  INTEGER NUM,S
  INTEGER A(3)
  REAL AVE
END TYPE
TYPE(STUDENT_RECORD) CLASS1(N)
OPEN(10,FILE = "STUDENT.TXT")
DO I = 1,N
  READ(10,"(I6,2X,3I3)") CLASS1(I) % NUM,CLASS1(I) % A ,&
  CLASS1(I).AVE = (CLASS1(I).A(1) + CLASS1(I).A(2) + CLASS1(I).A(3))/3.0
END DO
DO I = 1,N
  K = 0
  DO J = 1,N
    IF(CLASS1(J) % AVE > CLASS1(I) % AVE) K = K + 1
  END DO
  CLASS1(I).S = K + 1
 END DO
OPEN(11,FILE = "STUDENT1.TXT")
WRITE(11, * )
WRITE(11, * ),'按照平均分排名如下：'
WRITE(11, * ),'----------------------------------------------------'
WRITE(11, * ),'名次   学号   语文   数学   英语   平均成绩'
DO I = 1,N
  DO J = 1,N
    IF(CLASS1(J) % S == I) WRITE(11,200),CLASS1(J) % S,CLASS1(J) % NUM,&CLASS1(J) % A,CLASS1
(J) % AVE
  END DO
END DO
100 FORMAT(A,I3,A)
200 FORMAT(I5,I10,3I7,F8.1)
END
```

数据文件 STUDENT.TXT 的内容如解题图 11.6 所示，程序运行后将结果写入文件

STUDENT1. TXT,其内容如解题图 11.7 所示。

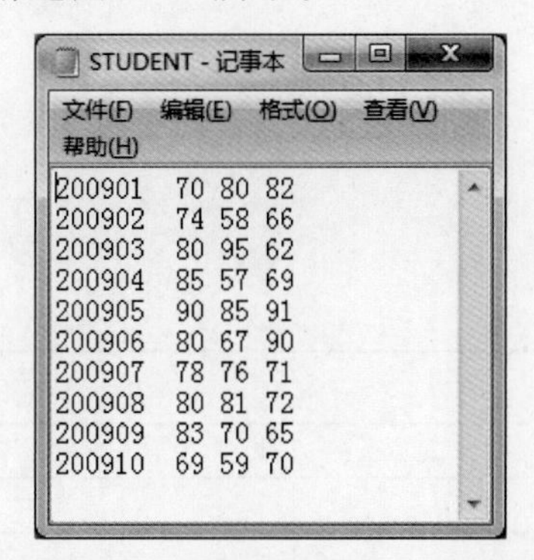
STUDENT - 记事本

文件(F)　编辑(E)　格式(O)　查看(V)　帮助(H)

```
200901  70 80 82
200902  74 58 66
200903  80 95 62
200904  85 57 69
200905  90 85 91
200906  80 67 90
200907  78 76 71
200908  80 81 72
200909  83 70 65
200910  69 59 70
```

题解图 11.6　习题 11 第 7 题的数据文件 STUDENT. TXT 的内容

STUDENT1 - 记事本

文件(F)　编辑(E)　格式(O)　查看(V)　帮助(H)

按照平均分排名如下：

名次	学号	语文	数学	英语	平均成绩
1	200905	90	85	91	88.7
2	200903	80	95	62	79.0
2	200906	80	67	90	79.0
4	200908	80	81	72	77.7
5	200901	70	80	82	77.3
6	200907	78	76	71	75.0
7	200909	83	70	65	72.7
8	200904	85	57	69	70.3
9	200902	74	58	66	66.0
9	200910	69	59	70	66.0

题解图 11.7　习题 11 第 7 题的结果数据文件 STUDENT1. TXT 的内容

习题 12 解析

1.

定义语句	占用内存空间/B
INTEGER (KIND=4)::A	4
REAL(KIND=4)::B	4
REAL(KIND=8)::C	8
CHARACTER(LEN=10)::STR	10
INTEGER(KIND=4), POINTER ::PA	4
REAL(KIND=4),POINTER ::PB	4
REAL(KIND=8),POINTER::C	4
CHARACTER(LEN=10),POINTER::PSTR	4
TYPE STUDENT INTEGER COMPUTER, ENGLISH,MATHENDTYPE TYPE(STUDENT):: S TYPE(STUDENT), POINTER:: PS	结构体变量 S 占 12B 指针变量 PS 占 4B

2. (1) 1
2
3
5

(2) 9 9 3 4 9 9

(3)
```
11  12  13  14  15
 1  12  13  14  15
 1   2  13  14  15
 1   2   3  14  15
 1   2   3   4  15
```

3.
```
REAL,POINTER:: P(:)
REAL,TARGEt:: A(10)
INTEGER MAX,MIN
REAL T
P => A
PRINT *,"输入 10 个数: "
READ *,P
PRINT *,"交换前的 10 个数: "
PRINT "(10F6.2)",P
MAX = 1
MIN = 1
DO I = 2,10
  IF(P(MAX)< P(I))MAX = I
  IF(P(MIN)> P(I))MIN = I
ENDDO
```

```
    T = P(1)
    P(1) = P(MIN)
    P(MIN) = T
    T = P(10)
    P(10) = P(MAX)
    P(MAX) = T
    PRINT *,"交换后的 10 个数:"
    PRINT "(10F6.2)",P
    END
```

4. 分析：设有三个指针变量 HEAD、P1、P2，它们都指向派生类型数据。首先将 HEAD 置空，这是链表为“空”时的情况。用 ALLOCATE 函数开辟第 1 个节点，输入的是第 1 个节点数据时，令 HEAD=>P1，使 HEAD 指向新开辟的节点，并使 P2 也指向它。然后开辟第 2 个节点，使 P1 指向它，接着输入该节点的数据，令 P2%NEXT=>P1，使第 1 个节点的 NEXT 成员指向第 2 个节点，接着使 P2=>P1，也就是使 P2 指向第 2 个节点，为建立下一个节点做准备。以此类推，建立第 3～8 个节点。开辟完成 8 个新节点后，将 P2% NEXT 置空。建立链表过程到此结束。

令 P1=>HEAD，依次输出每个节点信息。

```
TYPE NODE
  INTEGER NUM
  REAL AVE
  TYPE(NODE),POINTER::NEXT
ENDTYPE
TYPE(NODE),POINTER::HEAD,P1,P2
NULLIFY(HEAD)
PRINT *,"请输入 8 个节点的数据"
DO I = 1,8
   ALLOCATE(P1)
   READ *,P1 % NUM,P1 % AVE
   IF(I == 1) THEN
     HEAD => P1
   ELSE
      P2 % NEXT => P1
   ENDIF
   P2 => P1
ENDDO
NULLIFY(P2 % NEXT)
P1 => HEAD
PRINT 10,"学号","平均成绩"
10 FORMAT(2X,A4,4X,A8)
DO WHILE(ASSOCIATED(P1))
  PRINT 20, P1 % NUM,P1 % AVE
  P1 => P1 % NEXT
ENDDO
20 FORMAT(1X,I6,4X,F6.2)
END
```

5. 分析：程序要实现将两个单向链表合并成一个有序单向链表的操作。简单起见，在模块中定义了数据部分和节点两个派生类型，用以构成链表，另外合并时直接将链表 1 与链表 2 连接，然后对新链表按学号进行排序。程序中分别定义了创建链表、输出链表、合并链表以及排序操作的子程序。

```
MODULE XT5
TYPE NODE
  INTEGER NUM
  INTEGER SCORE
ENDTYPE
TYPE LINK
  TYPE(NODE)::SHUJU
  TYPE(LINK),POINTER::NEXT
ENDTYPE
CONTAINS
!链表输出子程序
SUBROUTINE OUTPUT(HEAD)
  TYPE(LINK),POINTER::HEAD,P1
  P1 => HEAD
  PRINT 10,"学号","成绩"
  10 FORMAT(2X,A4,4X,A8)
  DO WHILE(ASSOCIATED(P1))
    PRINT 20, P1 % SHUJU
    P1 => P1 % NEXT
  ENDDO
  20 FORMAT(1X,I6,4X,I6)
END SUBROUTINE OUTPUT
!创建链表子程序
SUBROUTINE CREAT(HEAD,N)
  TYPE(LINK),POINTER::HEAD,P1,P2
  INTEGER N
  PRINT *,"请输入",N,"个节点的数据"
  DO I = 1,N
   ALLOCATE(P1)
   READ *,P1 % SHUJU
   IF(I == 1) THEN
     HEAD => P1
   ELSE
      P2 % NEXT => P1
   ENDIF
   P2 => P1
  ENDDO
  NULLIFY(P2 % NEXT)
END SUBROUTINE CREAT
!排序子程序
SUBROUTINE SORT(HEAD)
  TYPE(LINK),POINTER::HEAD,P1,P2,P0
  TYPE(NODE)::T
  P1 => HEAD
  P2 => P1 % NEXT
  DO WHILE(ASSOCIATED(P2))
    DO WHILE(ASSOCIATED(P2))
      IF(P1 % SHUJU % NUM > P2 % SHUJU % NUM)THEN
        T = P1 % SHUJU
        P1 % SHUJU = P2 % SHUJU
        P2 % SHUJU = T
      ENDIF
      P2 => P2 % NEXT
    ENDDO
    P1 => P1 % NEXT
    P2 => P1 % NEXT
```

```
    ENDDO
  END SUBROUTINE SORT
  !合并子程序
  SUBROUTINE HEBIN(H1,H2,H3)
    TYPE(LINK),POINTER::H1,H2,H3,P1
    P1 => H1
    DO WHILE(ASSOCIATED(P1 % NEXT))
      P1 => P1 % NEXT
    ENDDO
    P1 % NEXT => H2
    H3 => H1
  END SUBROUTINE HEBIN
  END MODULE XT5

  !主程序
  PROGRAM MAIN
  USE XT5
  TYPE(LINK),POINTER::HEAD1,HEAD2,HEAD3
  INTEGER N
  NULLIFY(HEAD1)
  NULLIFY(HEAD2)
  PRINT *,"建立链表 A,输入链表 A 节点数"
  READ *,N
  CALL CREAT(HEAD1,N)
  PRINT *,"建立链表 B,输入链表 B 节点数"
  READ *,N
  CALL CREAT(HEAD2,N)
  PRINT *,"输出链表 A 信息"
  CALL OUTPUT(HEAD1)
  PRINT *,"输出链表 B 信息"
  CALL OUTPUT(HEAD2)
  !合并
  NULLIFY(HEAD3)
  CALL HEBIN(HEAD1,HEAD2,HEAD3)
  CALL SORT(HEAD3)
  PRINT *,"输出合并后链表信息"
  CALL OUTPUT(HEAD3)
  END
```

6. 分析：为了简单起见，在模块中定义了节点数据部分和节点两个派生类型，用以方便构成链表，程序中分别定义了创建链表、输出链表、删除节点的子程序，在删除节点的子程序中要考虑有年龄相同记录的情况。

```
  MODULE XT6
  TYPE NODE
    INTEGER NUM
    CHARACTER*2 S
    INTEGER AGE
  ENDTYPE
  TYPE LINK
    TYPE(NODE)::SHUJU
    TYPE(LINK),POINTER::NEXT
  ENDTYPE

  CONTAINS
  SUBROUTINE OUTPUT(HEAD)
```

```
    TYPE(LINK),POINTER::HEAD,P1
    P1 => HEAD
    PRINT 10,"学号","性别","年龄"
    10 FORMAT(2X,A4,4X,A4,4X,A4)
    DO WHILE(ASSOCIATED(P1))
      PRINT 20, P1 % SHUJU
      P1 => P1 % NEXT
    ENDDO
    20 FORMAT(1X,I4,5X,A3,5X,I3)
  END SUBROUTINE OUTPUT

  SUBROUTINE CREAT(HEAD,N)
    TYPE(LINK),POINTER::HEAD,P1,P2
    INTEGER N
    PRINT *,"请输入",N,"个节点的数据"
    DO I = 1,N
     ALLOCATE(P1)
     READ *,P1 % SHUJU
     IF(I == 1) THEN
       HEAD => P1
     ELSE
        P2 % NEXT => P1
     ENDIF
     P2 => P1
    ENDDO
    NULLIFY(P2 % NEXT)
  END SUBROUTINE CREAT

  !删除节点子程序
  SUBROUTINE DEL(HEAD,NUM)
    TYPE(LINK),POINTER:: HEAD,P,P0
    INTEGER NUM
    IF(.NOT.ASSOCIATED(HEAD)) THEN
        PRINT *,'无学生数据,删除失败.'
    ELSE
        P0 => HEAD
        P => HEAD
        DO WHILE(ASSOCIATED(P0))
          DO WHILE(ASSOCIATED(P0).AND.P0 % SHUJU % AGE/ = NUM)
            P => P0
            P0 => P0 % NEXT
        ENDDO
        IF(ASSOCIATED(P0)) THEN
          IF(ASSOCIATED(P0,HEAD))THEN
              HEAD => P0 % NEXT
                DEALLOCATE(P0)
                P => HEAD
                P0 => P
            ELSE
              P % NEXT => P0 % NEXT
                DEALLOCATE(P0)
                P0 => P
            ENDIF
          ELSE
          PRINT *, '无此年龄的人'
          ENDIF
      ENDDO
```

```
    ENDIF
  END SUBROUTINE DEL
  END MODULE XT6

  !主程序单元
  PROGRAM MAIN
    USE XT6
    TYPE(LINK),POINTER::HEAD
    INTEGER N,AGE
    NULLIFY(HEAD)
    PRINT *,"建立链表,输入节点个数"
    READ *,N
    CALL CREAT(HEAD,N)
    PRINT *,"输出链表"
    CALL OUTPUT(HEAD)
    PRINT *,"输入要删除的年龄:"
    READ *,AGE
    CALL DEL(HEAD,AGE)
    PRINT *,"输出删除后的链表"
    CALL OUTPUT(HEAD)
  END
```

习题13解析

1. 面向对象程序设计方法有哪些重要概念？尝试举一个生活中的实际例子，说明数据封装的概念和重要性。

答：面向对象程序设计方法中较为重要的概念有继承、封装、模块、重载等。封装是一种把代码和与代码相关的数据捆绑在一起，使这两者不受外界干扰和误用的机制，它就像是一个保护器一样把代码和数据保护起来，以防止代码和数据被保护器外部所定义的其他代码任意访问，对保护器内部代码和数据的访问需要通过特定的接口来实现。封装的好处是有访问权限的可通过特定接口直接访问，无须知道内部细节和过程，无访问权限的不能访问，保护了封装代码数据的安全。例如，银行内的网络管理系统和金库是银行的私有资产，为了安全，银行不会把网络管理系统和金库直接向客户开放，而是只能由银行内部特定工作人员对其进行操作。客户去银行取钱时，一定要通过银行的服务途径（银行柜台工作人员或自动取款机）才能取到钱，银行的服务途径可以看成是银行对外服务的接口，这个接口隐含了背后的实际工作情况。

2. FORTRAN 语言为何要引入模块的功能？使用模块有什么优点？

答：FORTRAN 程序设计语言为适应面向对象程序设计方法的需要，引入了模块的功能。模块的优点是可实现数据封装、特性继承、操作重载、公私分隔等面向对象的特性，提高了程序的安全性、可靠性和高效性。

3. 在模块中可定义哪些对象？

答：模块中可定义常量、变量、数组、数据块、派生类型、函数子程序、子例行子程序、接口界面块等。

4. 在模块中为何要指定对象的公有、私有属性？默认情况下，模块中对象具有何种属性？

答：为了控制对该对象的访问，需要对该对象进行公有或私有属性的设置。默认情况下，对象属性为公有属性。

5. 如何调用模块？如何别名使用模块中的对象？

答：可通过三种方式调用模块，分别如下。

(1) USE　模块名

(2) USE　模块名，别名⇒数据对象名或子程序名

(3) USE　模块名，ONLY：数据对象名或子程序名列表

其中方式(2)给出了别名使用模块中的对象的方法。

6. 使用模块定义重力加速度 G，编写程序计算投掷物的投掷距离。

分析：本题一方面涉及模块知识，另一方面涉及物理学中的投掷物投掷距离的计算。这里假定投掷时投掷物离地高度为 H，初始投掷速度为 V，V 与水平面的夹角为 θ，这样投

掷物的落地时间为 $t=t_1+t_2=\dfrac{V\sin\theta}{G}+\sqrt{\dfrac{2\left(H+\dfrac{V^2\sin^2\theta}{2G}\right)}{G}}$；投掷物的投掷距离为 $s=V\cos\theta\times t$。

```
MODULE GRAVITY
  PARAMETER(G = 9.8) !实现重力加速度的定义
  REAL V, H, THETA,T,S
END MODULE

PROGRAM TOUZHI
  USE GRAVITY
  PRINT * ,"请输入投掷点离地高度、初始投掷速度和投掷速度与水平线的夹角"
  READ * ,H,V,THETA
  THETA = THETA * 3.1415926/180
  T = SIN(THETA)/G + SQRT((2 * (H + (V * SIN(THETA)) ** 2/2/G))/G)
  S = V * COS(THETA) * T
  PRINT * ,"在离地",H,"以速度",V,"夹角",THETA,"投掷后,投掷水平距离为: ",S
END
```

测试算例 1：投掷点离地高度 9.8m，以 10m/s 的速度竖直向上抛出，程序运行结果如题解图 13.1 所示。

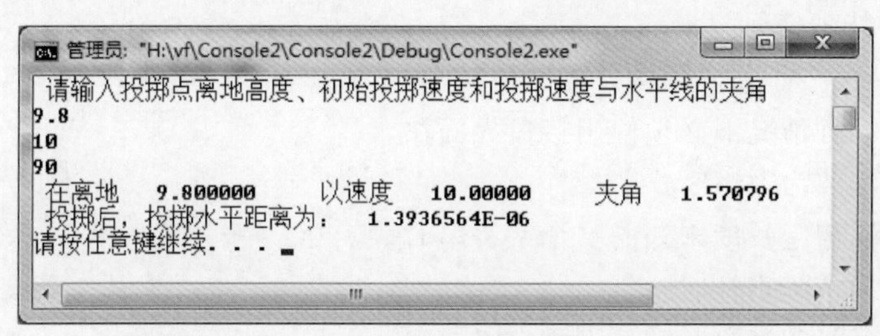

题解图 13.1　测试算例 1 的输入数据及其运行结果

测试算例 2：投掷点离地高度 9.8m，以 10m/s 的速度水平抛出，程序运行结果如题解图 13.2 所示。

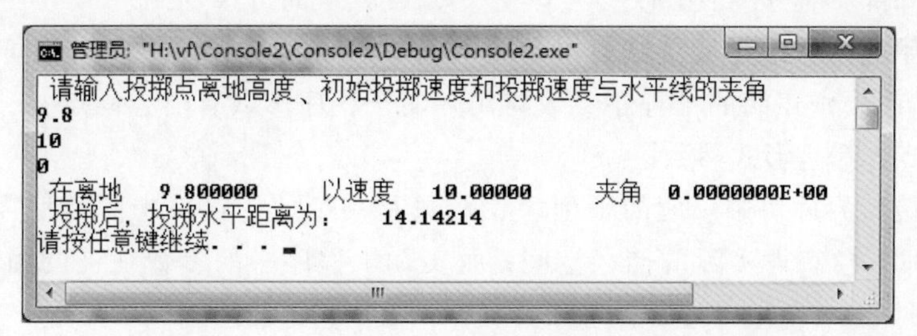

题解图 13.2　测试算例 2 的输入数据及其运行结果

测试算例 3：投掷点离地高度 9.8m，以 10m/s 的速度斜向上 45°抛出，程序运行结果如题解图 13.3 所示。

7. 为什么要引入接口界面块功能？它与 EXTERNAL 语句功能有何异同？

答：用户在编写程序时总会遇到一些特定的情况，原有的程序功能无法处理这些特殊情况，只能通过接口界面块的功能实现。这些特定情况包括：

(1) 函数返回值为数组时。

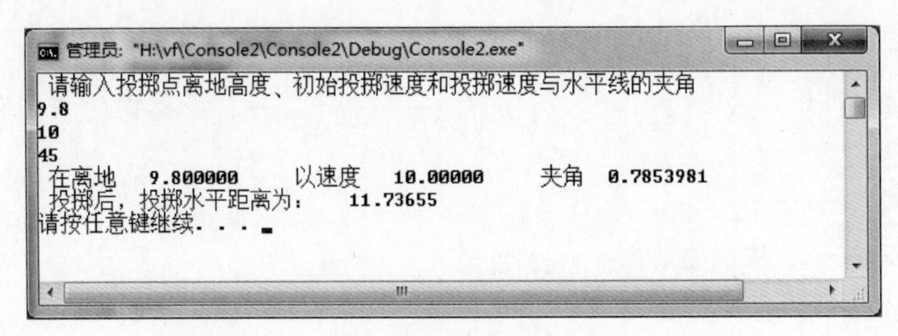

题解图 13.3　测试算例 3 的输入数据及其运行结果

(2) 函数返回值是长度未知的一个字符串时。

(3) 函数返回值为指针时。

(4) 所调用的子程序参数数目不固定时。

(5) 所调用的子程序形式参数是一个数组片段时。

(6) 所调用的子程序改变参数传递的位置。

(7) 调用外部子程序时使用关键字实参变元或默认的可选变元。

(8) 所调用的子程序扩展了赋值号的使用范围。

EXTERNAL 语句仅是在主调程序单元中声明被调用的子程序是一个外部子程序，无法处理上述 8 种特殊情况。

8. 在什么情况下必须使用接口界面块?

答：在以下 8 种情况下必须使用接口界面块。

(1) 函数返回值为数组时。

(2) 函数返回值是长度未知的一个字符串时。

(3) 函数返回值为指针时。

(4) 所调用的子程序参数数目不固定时。

(5) 所调用的子程序形式参数是一个数组片段时。

(6) 所调用的子程序改变参数的传递位置。

(7) 调用外部子程序时使用关键字实参变元或默认的可选变元。

(8) 所调用的子程序扩展了赋值号的使用范围。

9. 接口界面块中声明的子程序参数与实际的子程序参数有何异同点?

答：相同点：都是形式参数。

不同点：接口界面块中声明的子程序参数只是一个使用接口中的类型声明，无论子程序是否调用，都不会获得实际的储存空间；而实际子程序中的参数在被调用时与实参共享存储空间。

10. 在 FORTRAN 语言中，通过什么功能实现重载? 重载的本质是什么?

答：在 FORTRAN 语言中，可通过位于模块内的接口界面块实现重载。重载的本质就是突破其原有功能的某些限制，扩展其应用。

11. 实现重载时，声明形式参数类型要使用 INTENT(IN)和 INTENT(OUT)属性，这两个属性有何作用?

答：INTENT(IN)声明等待子程序中的变量是只读属性的变量，参数只能从调用程序传递给子程序；INTENT(OUT)声明等待子程序中的变量只能从子程序传递到被调用的程序。

12. 使用函数子程序重载功能，实现函数 AREA。如果用一个实数调用 AREA，则参数看作圆的半径，计算圆的面积并返回。如果用两个实数调用 AREA，则参数看作圆的内径和外径，计算圆环面的面积并返回。尝试编写主程序和模块单元程序。

分析：本题意图在于使一个函数既可以算圆的面积，也可以算圆环的面积。相当于把一个计算圆面积的函数重载成一个也可以计算圆环面积的函数。

```
MODULE ZUOYE12                                    !定义模块 ZUOYE12
IMPLICIT NONE
INTERFACE AREA                                    !虚拟函数 AREA
  MODULE PROCEDURE AREA_CIRCLE                    !定义等待选择的函数 AREA_CIRCLE
  MODULE PROCEDURE AREA_RING                      !定义等待选择的函数 AREA_RING
END INTERFACE
CONTAINS
FUNCTION AREA_CIRCLE(R)                           !定义函数子程序 AREA_CIRCLE
  IMPLICIT NONE
  REAL,INTENT(IN)::R                              !定义 X 是只读属性参数,参数只能从外向内传递
  REAL AREA_CIRCLE                                !函数返回值是实型
  AREA_CIRCLE = 3.1415926 * R * R                 !计算圆的面积
END FUNCTION

FUNCTION AREA_RING(R1,R2)                         !定义函数子程序 AREA_RING
  IMPLICIT NONE
  REAL,INTENT(IN)::R1,R2                          !定义 R1、R2 只能从外向内传递
  REAL AREA_RING                                  !函数返回值是实型
  IF(R1 > R2) AREA_RING = 3.1415926 * (R1 ** 2 - R2 ** 2)  !圆环面积
  IF(R1 < R2) AREA_RING = 3.1415926 * (R2 ** 2 - R1 ** 2)
END FUNCTION
END MODULE
!主程序一:
PROGRAM EXAM13_12
USE ZUOYE12                                       !调用模块 ZUOYE12
PRINT *,"输入一个半径值,计算圆的面积"
READ *,R
PRINT *,"半径为",r,"的圆的面积是: ",AREA(R)
PRINT *,"输入两个半径值,计算圆环的面积"
READ *,R1,R2
PRINT *,"半径为",R1,R2,"的圆环的面积是: ",AREA(1.0,2.0)
END
```

测试程序输入数据和程序运行结果如题解图 13.4 所示。

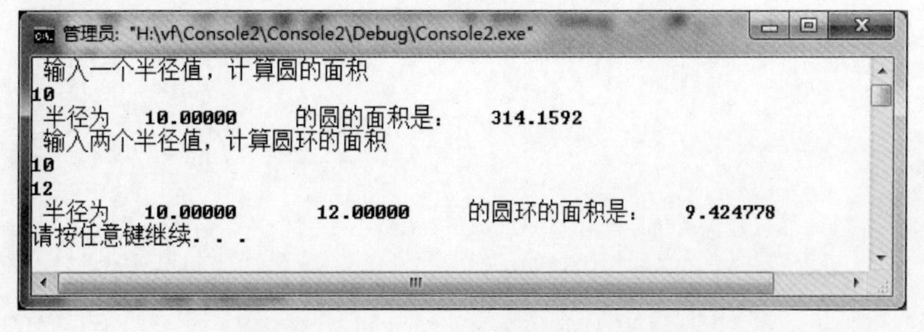

题解图 13.4　输入数据及其运行结果

13. 统计某钟点工的总工作时间,以小时和分钟计时。编写程序实现加法运算符重载,使其能够计算时间的加法。如 1h 20min 加 2h 45min 的结果是 4h 5min。

分析:常规加法运算是十进制数的运算,这里对时间数据进行加法计算,实质是分钟运算六十进制的加法运算,可以用加法的重载实现。

```
MODULE ADD_TIME                                   !定义模块 ADD_TIME
  TYPE TIME                                       !定义时间的派生类
  INTEGER(1) HOUR,MINUTE
  END TYPE TIME
  INTERFACE OPERATOR( + )                         !操作符形式的重载,操作符为 +
  MODULE PROCEDURE ADD_T                          !重载的功能由等待子程序 ADD_T 完成
END INTERFACE
CONTAINS
FUNCTION ADD_T(T1,T2)                             !声明函数子程序 ADD_T
TYPE(TIME),INTENT(IN):: T1,T2                     !声明形参和函数名均为 TIME 类型
TYPE(TIME) ADD_T
INTEGER MIN                                       !中间临时变量
MIN = T1.MINUTE + T2.MINUTE
ADD_T.MINUTE = MOD(MIN,60)                        !计算分钟数
ADD_T.HOUR = T1.HOUR + T2.HOUR + MIN/60           !计算小时数
END FUNCTION
SUBROUTINE PUT_TIME(T)
TYPE(TIME),INTENT(IN)::T
PRINT 100, T.HOUR,T.MINUTE
100 FORMAT(1X,I3,"小时",I2,"分钟")
END SUBROUTINE
END
!编写简单的主程序调用模块,观察是否实现对运算符" + "的重载
PROGRAM EXAM13
USE ADD_TIME
TYPE(TIME) T1,T2,T3
T1 = TIME(1,20)
T2 = TIME(2,45)
T3 = T1 + T2
CALL PUT_TIME(T3)
END
```

程序运行结果如题解图 13.5 所示。

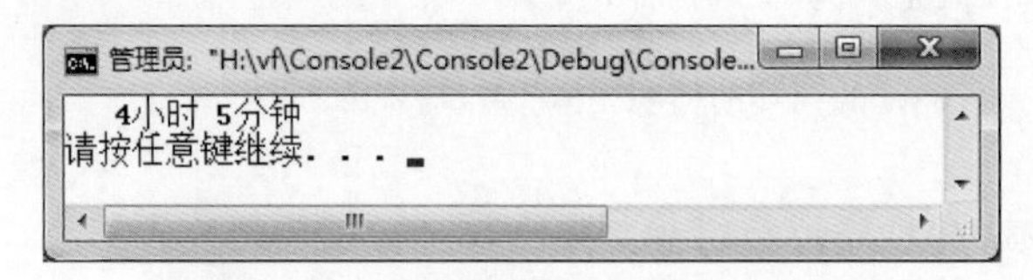

题解图 13.5 习题 13 第 13 题的运行结果

模拟测试 1 参考答案

一、选择题(在每小题给出的 4 个答案选项中只有一项是正确的,写出正确的选项。每题 1 分,共 30 分)

题号	1	2	3	4	5	6	7	8	9	10	11	12	13	14	15
答案	B	A	D	D	B	C	C	B	B	D	C	D	C	B	D
题号	16	17	18	19	20	21	22	23	24	25	26	27	28	29	30
答案	C	C	B	C	B	D	C	B	D	B	D	C	B	C	D

二、填空题(每空 2 分,共 20 分。请将以下程序空缺补充完整)

1. (1) N/100

   (2) MOD(N/10,10)

2. (3) 0

   (4) MOD(I,2)/=0

3. (5) EXIT

   (6) I>J

4. (7) PARAMATER(N=10)

   (8) CALL SORT(A,N)

   (9) N−K

   (10) A(J)>A(J+1)

三、阅读程序,写出程序的运行结果(每题 3 分,共 15 分)

1. 运行结果:

```
6  9
```

2. 运行结果:

```
         1
      1  2
   1  2  3
1  2  3  4
```

3. 运行结果:

```
15
```

4. 运行结果:

```
1  2
3  4
5  6
1  3  5
2  4  6
```

5. 运行结果:

40.0

四、编程题(第 1 小题 7 分,第 2 小题 8 分,第 3、4 小题各 10 分,共 35 分)

1.
```
REAL X
READ * ,X
IF(X < 0)
Y = EXP(2 * SQRT(ABS(X))) + COS(X)
IF(X = = 0) Y = 2
IF(X > 0) Y = X/(1 + SQRT(1 + X ** 2))
PRINT * ,Y
END
```

2.
```
READ * ,N
K = 0; M = 0
DO I = 1,N,2
  K = K + I
  M = M + K
END DO
PRINT * ,M
END
```

3.
```
DO I = 2,1000
  M = 0
  DO J = 1,I/2
     IF(MOD(I, J) = = 0) M = M + J
  END DO
  IF(M =  = I) PRINT * ,M
END DO
END
```

4.
```
PARAMETER (N = 10)
INTEGER A(N)
READ * ,A
MAX = A(1)
MIN = A(1)
DO I = 2,N
  IF(A(I)> MAX)   MAX = A(I)
  IF(A(I)< MIN)   MIN  = A(I)
END DO
PRINT * ,MAX - MIN
END
```

模拟测试 2 参考答案

一、选择题(在每小题给出的 4 个答案选项中只有一项是正确的,写出正确的选项。每题 1 分,共 30 分)

题号	1	2	3	4	5	6	7	8	9	10	11	12	13	14	15
答案	A	D	C	A	B	C	C	D	D	C	B	D	C	A	D
题号	16	17	18	19	20	21	22	23	24	25	26	27	28	29	30
答案	A	D	C	B	A	B	C	A	B	D	A	D	A	C	D

二、填空题(每空 2 分,共 20 分。请将以下程序空缺补充完整)

1. (1) C=CHAR(ICHAR(C)-32)
   (2) C=CHAR(ICHAR(C)+32)
2. (3) K+1
   (4) N/10
   (5) ENDDO
3. (6) INTEGER A(4,5)
   (7) A(I,J)
   (8) A(I,J)<=AVERAGE
4. (9) FAC1=1
   (10) FAC1=N * FAC(N-1)

三、阅读程序,写出程序的运行结果(每题 3 分,共 15 分)

1. 运行结果:
```
20
```
2. 运行结果:
```
1  1  1
2  2  2
3  3  3
1  2  3
1  2  3
1  2  3
```
3. 运行结果:
```
1  4
2  5
3  6
```
4. 运行结果:
```
S=0.0
```

5. 运行结果:

1

1 1

1 2 1

1 3 3 1

1 4 6 4 1

四、编程题(第 1 小题 7 分,第 2 小题 8 分,第 3、4 小题各 10 分,共 35 分)

1.
```
INTEGER M,N
READ *,M,N
PRINT *,("-",I=1,N)
DO I=1,M-2
    PRINT *,"|",("",J=1,N-2),"|"
ENDDO
PRINT *,("-",I=1,N)
END
```

2.
```
INTEGER M,N1,N2,N3
READ *,M
N1=M/100
N2=MOD(M,100)/10
N3=MOD(M,10)
IF(N1**3+N2**3+N3**3==M)THEN
  PRINT *,M,"是水仙花数"
ELSE
  PRINT *,M,"不是水仙花数"
ENDIF
END
```

3.
```
INTEGER::SUM=0
LOGICAL FLAG
DO I=3,1000
    FLAG=.TRUE.
    DO J=2,SQRT(1.0*I)
        IF(MOD(I,J)==0)FLAG=.FALSE.
    ENDDO
    IF(FLAG)SUM=SUM+I
ENDDO
PRINT *,SUM
END
```

4.
```
PARAMETER(N=10)
INETGER A(N,N),S1,S2
READ *,A
S1=0;S2=0
DO I=1,N
  S1=S1+A(I,I)
  S2=S2+A(I,N+1-I)
ENDDO
PRINT *,S1,S2
END
```

模拟测试 3 参考答案

一、选择题(在每小题给出的 4 个答案选项中只有一项是正确的,写出正确的选项。每题 1 分,共 30 分)

题号	1	2	3	4	5	6	7	8	9	10	11	12	13	14	15
答案	B	C	C	A	C	C	C	C	A	D	A	B	C	C	D
题号	16	17	18	19	20	21	22	23	24	25	26	27	28	29	30
答案	D	B	B	B	A	B	C	D	B	D	C	B	A	B	B

二、填空题(每空 2 分,共 20 分。请将以下程序空缺补充完整)

1. (1) 0

   (2) I<100

   (3) K+1

2. (4) P=I

   (5) A(P)>A(J)

   (6) A(I)=A(P)

3. (7) TYPE(STUDENT) :: STU(50)

   (8) 5,FILE="SHUJU1.TXT"

   (9) STU(I).SCORE(6)<STU (J).SCORE(6)

   (10) STU(I)% ORDER=K+1

三、阅读程序,写出程序的运行结果(每题 3 分,共 15 分)

1. 运行结果:

```
6  1.0
```

2. 运行结果:

```
1234
2341
3412
4321
```

3. 运行结果:

```
9  25.0
```

4. 运行结果:

```
16.0
```

5. 运行结果:

```
5.0
```

四、编程题(第1小题7分,第2小题8分,第3、4小题各10分,共35分)

1.
```
REAL X,Y
READ * ,X
IF(X < - 1)THEN
  Y = X * X - X - 2
ELSEIF(X < = 1)THEN
  Y = SIN(X * X - 1)
ELSE
  Y = SQRT(X * X - 1)
ENDIF
PRINT * ,Y
END
```

2.
```
INTEGER N
REAL S
READ * ,N
S = 0
F = 1
DO I = 1,N
  F = F * I
  S = S + F
ENDDO
PRINT * ,S
END
```

3.
```
INTEGER N
INTEGER,ALLOCATABLE:: A(:,:)
READ * ,N
ALLOCATE(A(N,N))
DO I = 1,N
  A(I,1) = 1
  A(I,I) = 1
ENDDO
DO I = 3,N
  DO J = 2,I - 1
    A(I,J) = A(I - 1,J - 1) + A(I - 1,J)
  ENDDO
ENDDO
DO I = 1,N
  PRINT 10,(A(I,J),J = 1,I)
ENDDO
10 FORMAT(< I > I6)
DEALLOCATE(A)
END
```

4.
```
PROGRAMMAIN
INTEGER N
REAL TIXING
READ * ,N
S = TIXING(0.0,2.0,N)
PRINT * ,S
END

REAL FUNCTION TIXING(A,B,N)
  REAL A,B,H,S,FUNC
  INTEGER N
  FUNC(X) = 2 * X + 4
```

```
   H = (B - A)/N
   S = 0
   DO I = 1, N
     S = S + (FUNC(A + (I - 1) * H) + FUNC(A + I * H)) * H/2.0
   ENDDO
   TIXING = S
END
```

模拟测试 4 参考答案

一、程序改写题(10 分)

```
INTEGER I,FAC
FAC = 1
DO I = 1,5
    FAC = FAC * I
ENDDO
PRINT *,"5!= ",FAC
END
```

二、编程题(第 1、2 小题各 8 分,第 3、4 小题各 12 分,第 5、6、7 小题各 10 分,共 70 分)

1.
```
REAL R,S,P,C
READ *,C
R = C/(2 * 3.14)
S = PI * R ** 2
P = S * 4 * 15
PRINT *,P
END
```

2.
```
READ *, S
IF(S <= 3) T = 10
IF(S > 3.AND.S <= 10) T = 10 + (S - 3) * 1.4
IF(S > 10) T = 10 + (10 - 3) * 1.4 + (S - 10) * 2.1
PRINT *,T
END
```

3.
```
K = 0
DO N = 1000,9999
N1 = N/1000
N2 = MOD(N/100,10)
N3 = MOD(N/10,10)
N4 = MOD(N,10)
IF(N = = N1 ** 4 + N2 ** 4 + N3 ** 4 + N4 ** 4) THEN
  PRINT *,N
  K = K + 1
ENDIF
ENDDO
PRINT *,K
END
```

4.
```
REAL S,F
S = 1
F = 1
READ *,N
IF(N > 0)THEN
  DO I = 1,N
    F = F/I
    S = S + F
  ENDDO
ENDIF
```

```
PRINT *,S
END
```

5.
```
PARAMETER (N = 200)
  REAL A(N),X
  K = 0
  READ *,X
  DO I = 1,N
    IF(X = = A(I)) THEN
      K = I
      EXIT
    ENDIF
  ENDDO
  IF(K == 0) THEN
    PRINT *,"无该数据"
  ELSE
    PRINT *,"有该数据,其位置为第",K,"个数据"
  ENDIF
  END
```

6.
```
REAL A(3,4)
DATA A/25.5,31.2,27, - 21,63,57,83,35,45.8,13.5, - 12.5,34/
DO I = 1,3
  S = 0
  DO J = 1,4
    S = S + A(I,J)
  ENDDO
  PRINT *,S
      ENDDO
END
```

7.
```
PARAMETER (N = 20)
   INTEGER A(N),T
   OPEN(1,FILE = "in.txt")
   READ *,(1, * )A
   DO I = 1,N - 1
     DO J = I + 1,N
         IF(A(I)> A(J)) THEN
          T = A(I)
          A(I) = A(J)
          A(J) = T
         ENDIF
     ENDDO
   ENDDO
   OPEN(2,FILE = "out.txt")
   WRITE(2, * ) A
   CLOSE(1)
   CLOSE(2)
END
```

三、阅读程序,写出程序的运行结果(每小题 5 分,共 10 分)

1.

```
1  2  3  4  5
2  3  4  5  1
3  4  5  1  2
4  5  1  2  3
5  1  2  3  4
```

2.

```
1  1
2  2
3  3
4  4
5  5
```

四、解答问题(10 分)

```
TYPE STUDENT
INTEGER NUM
CHARACTER * 10 NAME
LOGICAL SEX
CHARACTER * 16 BIRTH
CHARACTER * 30 ADDRESS
LOGICAL DANGYUAN
END TYPE
TYPE (STUDENT) S(55)
```

STUDENT

	NUM	**NAME**	**SEX**	**BIRTH**	**ADDRESS**	**DANGYUAN**
S(1)						
S(2)						
…						
S(50)						

模拟测试 5 参考答案

一、程序改错题(15 分)

```
INTEGER 1BIAN,BIAN2,BIAN3,AREA,S
READ * , BIAN2,BIAN3,S
S = 1BIAN + BIAN2 + BIAN3)/2
AREA == SQRT(S * (S - BIAN1) * (S - BIAN2) * (S - BIAN3)
PRINT 10 BIAN1,BIAN2,BIAN3,"所构成的三角形的面积是",AREA
  FORMAT(3F8.2,A22,F10.2)
```

改正后的程序:

```
REAL BIAN1,BIAN2,BIAN3,AREA,S
READ * ,BIAN1,BIAN2,BIAN3
IF(BIAN1 + BIAN2 > BIAN3.AND.BIAN1 + BIAN3 > BIAN2.AND.BIAN2 + BIAN3 > BIAN1)THEN  + 3
S = (BIAN1 + BIAN2 + BIAN3)/2
AREA = SQRT(S * (S - BIAN1) * (S - BIAN2) * (S - BIAN3))
PRINT 10, BIAN1,BIAN2,BIAN3,"所构成的三角形的面积是",AREA
10 FORMAT(3F8.2,A22,F10.2)
ELSE
PRINT * ,"输入数据构不成三角形"
ENDIF
END
```

二、程序改写题(10 分)

```
INTEGER::SUM = 0,I,N,FAC
READ * ,N !或 N = 9
DO I = 1,N,2
SUM = SUM + FAC(I)
ENDDO
PRINT * ," 1! + 3! + 5! + 7! + 9! = ",SUM
END

FUNCTION FAC(N)
INTEGER::FAC = 1,N,I
FO I = 1,N
FAC = FAC * I
ENDDO
END
```

注:请按照主程序、子程序形式改写,答案并不具有唯一性。

三、阅读程序,写出该程序的运行结果(每小题 5 分,共 10 分)

1.

```
ABCDE
  BCD
   C
  BCD
ABCED
```

2.

```
1    1
2    3
5    8
13   21
34   55
```

四、程序填空题(15 分)

```
TYPE STU
  INTEGER NUM
  CHARACTER * 10 NAME
  INTEGER SCORE(6)
  (1)INTEGER  ORDER
END TYPE
TYPE(STU) CLASS5(50)
OPEN((2)10       ,FILE = (3) "D:\banji\shuju1.txt      )
DO I = 1,  (4)  50     )
READ(10,100) CLASS5(I).NUM,CLASS5(I).NAME,(CLASS5(I).SCORE(J),J = 1,5)
  DO K = (5) 1,5,1
  CLASS5(I).SCORE(6) = (6) CLASS5(I).SCORE(6)    + CLASS5(I).SCORE(K)
  ENDDO
ENDDO
(7) 100      FORMAT(I8,A10,7I4)
DO I = 1,50
  K =  (8) 0 或 1
  DO J = 1,50
  IF((9) CLASS5(I).SCORE(6) < CLASS5(J).SCORE(6))K = K + 1
  ENDDO
  CLASS5(I).ORDER =  (10) K + 1   或 K
(11)ENDDO
OPEN(11,FILE = "D:\banji\shujujieguo.txt")
DO I = 1,50
WRITE(11,100) (12)      CLASS5(I)  或写出成员形式
ENDDO
(13)       CLOSE(10)
CLOSE((14)  11           )
 (15)  END
```

五、编程题(第 1、2 小题各 8 分,第 3 小题 10 分,第 4、5 小题各 12 分,共 50 分)

1.
```
PARAMETER(PI = 3.1415926)
REAL R,AREA,VOLU
READ * ,R
IF(R >= 0)THEN
AREA = PI * R ** 2
VOLU = 4.0/3 * PI * R ** 3
PRINT * ,AREA,VOLU
ELSE
PRINT * ,"输入数据错误"
ENDIF
END
```

2.
```
INTEGER:: M,N,I,K = 0
READ *,N
M = ABS(N)
DO WHILE(M > 0)
K = K + 1
M = M/10
ENDDO
PRINT *,N,"是",K,"位数"
END
```

3.
```
REAL:: PI = 0
INTEGER N,I
READ *,N
DO I = 1,N
PI = PI + 4.0/(4 * I - 3) - 4.0/(4 * I - 1)
ENDDO
PRINT *,PI
END
```

4.
```
REAL P,D,F
INTEGER S,W
PRINT *,"请输入运输距离,每吨煤炭的基本运费和煤炭吨数"
READ *,S,P,W
SELECT CASE(S)
CASE(0:250)
D = 0.00
CASE(251:500)
  D = 0.02
CASE(501:1000)
  D = 0.05
CASE(1001:2000)
  D = 0.08
CASE(2001:3000)
  D = 0.10
CASE(3001:)
  D = 0.15
CASE DEFAULT
  PRINT *,"输入千米数错误"
END SELECT
F = P * W * S * (1 + D)
PRINT *,"小刘的运费收入是:",F
END
```

5.
```
INTEGER A(11),T,I,J
READ *,A
DO I = 1,10
  DO J = I + 1,11
     IF(A(I)> A(J))THEN
     T = A(I)
     A(I) = A(J)
     A(J) = T
     ENDIF
```

```
   ENDDO
ENDDO
PRINT * ,A
A(6:10) = A(7:11)
PRINT 10,A(1:10)
10 FORAMT(5i5)
END
```

附录A

实验报告模板

APPENDIX A

FORTRAN95 上机实验报告

<table>
<tr><td>姓名</td><td></td><td>学号</td><td></td><td>实验日期</td><td></td></tr>
<tr><td>实验项目名称</td><td colspan="2"></td><td>实验地点</td><td colspan="2"></td></tr>
<tr><td colspan="6">一、实验目的及要求(本实验所涉及并要求掌握的知识点)</td></tr>
<tr><td colspan="6"></td></tr>
<tr><td colspan="6">二、实验内容及结果(实验内容的分析和算法流程图,源程序代码和程序运行结果,可续页)</td></tr>
<tr><td colspan="6"></td></tr>
<tr><td colspan="6">三、实验小结(对实验结果进行分析,描述实验心得体会及改进意见)</td></tr>
<tr><td colspan="6"></td></tr>
<tr><td>实验成绩</td><td></td><td colspan="2">指导教师：</td><td colspan="2">日期：</td></tr>
</table>

附录*B*

ASCII码字符编码一览表

APPENDIX *B*

ASCII 码字符编码一览表如表 B.1 所示。

表 B.1 ASCII 码字符编码一览表

ASCII 值	字符	ASCII 值	字符
000		037	%
001	☺	038	&
002	☻	039	'
003	♥	040	(
004	♦	041	)
005	♣	042	*
006	♣	043	+
007	÷	044	,
008	1⃞	045	—
009	○	046	。
010	●	047	/
011	♀	048	0
012	♂	049	1
013	♫	050	2
014	♬	051	3
015	¤	052	4
016	▶	053	5
017	◀	054	6
018	⬍	055	7
019	!!	056	8
020	‖	057	9
021	§	058	:
022	▬	059	;
023	↕	060	<
024	↑	061	=
025	↓	062	>
026	→	063	?
027	←	064	@
028	↺	065	A
029	◆	066	B
030	▲	067	C
031	▼	068	D
032	space	069	E
033	!	070	F
034	"	071	G
035	#	072	H
036	$	073	I

续表

ASCII 值	字符	ASCII 值	字符
074	J	115	s
075	K	116	t
076	L	117	u
077	M	118	v
078	N	119	w
079	O	120	x
080	P	121	y
081	Q	122	z
082	R	123	{
083	S	124	|
084	T	125	}
085	U	126	~
086	V	127	⌂
087	W	128	ç
088	X	129	ü
089	Y	130	é
090	Z	131	â
091	[	132	ä
092	\	133	à
093	]	134	ā
094	^	135	ç
095	—	136	ê
096	'	137	ë
097	a	138	è
098	b	139	ï
099	c	140	î
100	d	141	ì
101	e	142	Ä
102	f	143	À
103	g	144	É
104	h	145	æ
105	i	146	Æ
106	j	147	ô
107	k	148	ö
108	l	149	ò
109	m	150	û
110	n	151	ù
111	o	152	ÿ
112	p	153	Ö
113	q	154	Ü
114	r	155	t

续表

ASCII 值	字符	ASCII 值	字符
156	E	197	┼
157	¥	198	╞
158	Pt	199	╟
159	f	200	╚
160	á	201	╔
161	í	202	╩
162	ó	203	╦
163	ú	204	╠
164	ñ	205	═
165	Ñ	206	╬
166	a	207	╧
167	o	208	╨
168	¿	209	╤
169	╔	210	╥
170	┐	211	╙
171	1/2	212	╘
172	1/4	213	╒
173	i	214	╓
174	《	215	╫
175	》	216	╪
176	▤	217	┘
177	▨	218	┌
178	▩	219	█
179	│	220	▄
180	┤	221	▌
181	╡	222	▐
182	╢	223	■
183	╖	224	α
184	╒	225	β
185	╣	226	Γ
186	║	227	π
187	╗	228	Σ
188	╝	229	σ
189	╜	230	μ
190	╛	231	τ
191	┐	232	φ
192	└	233	θ
193	┴	234	Ω
194	┬	235	δ
195	├	236	∞
196	—	237	∮

续表

ASCII 值	字符	ASCII 值	字符
238	∈	247	≈
239	∩	248	。
240	≡	249	•
241	±	250	.
242	⩾	251	√
243	⩽	252	Π
244	∫	253	Z
245	∫	254	■
246	÷	255	

附录C

FORTRAN库函数

APPENDIX C

FORTRAN 库函数分别如表 C.1～表 C.8 所示。

1. 数值运算函数

表 C.1　数值运算函数

函　数	功　能	变量类型	函数值类型
ABS(x)(IABS, DABS, CABS)	返回参数 x 的绝对值	整型，实型，复型	整型,实型,复型
AIMAG(c)	返回复数 c 的虚部	复型	实型
AINT(r[,kind])(DINT)	返回舍去小数后的参数值	实型	实型
ANINT(r[,kind])(DNINT)	返回最接近参数 r 的整数值	实型	实型
CEILING(r)	返回一个大于或等于 r 的最小整数	实型	整型
CMPLX(a,b[,kind])	返回以 a 值为实部、b 值为虚部的复数	实型	复型
CONJG(c)	返回 c 的共轭复数	复型	复型
DBLE(num)	把参数转换为双精度浮点数	整型，实型，双精度实型，复型	双精度实型
DIM(a,b)	a－b>0 时返回 a－b，否则返回 0	整型,实型	整型,实型
EXPONENT(x)	返回使用 $n*2^e$ 的模式来表示浮点数 x 时(n 为小于 1 的小数)，“指数”部分 e 的数值	实型	实型
FLOOR(r)	返回小于或等于 r 的最大整数	实型	整型
FRACTION(x)	返回使用 $n*2^e$ 的模式来表示浮点数 x 时，“小数”部分 n 的值	实型	实型
INT(i[,kind])(IFIX, IDINT)	把参数转换为整型数，小数部分会无条件舍去	整型，实型，复型	整型
LOGICAL(a[,kind])	转换不同类型的 LOGICAL 变量，把 a 变量转换为赋值 kind 类型的 LOGICAL 变量	逻辑值	逻辑值
MAX(a,b,…)	返回最大的参数值	整型,实型	整型,实型
MIN(a,b,…)	返回最小的参数值	整型,实型	整型,实型
MOD(a,b)	计算 a/b 的余数。当参数为浮点数时，返回(a－int(a/b)) * b)的值	整型,实型	整型,实型

续表

函　　数	功　　能	变量类型	函数值类型
MODULO(a,b)	同意计算 a/b 的余数。使用和 MOD 不同的公式来计算。参数为整数时，返回 a－FLOOR(REAL(a)/REAL(b)) * b；参数为浮点数时返回 a－FLOOR(a/b) * b	整型,实型	整型,实型
NEAREST(a,b)	b>0.0 时,返回大于 a 的最小浮点数值。b<0.0 时,返回小于 a 的最大浮点数值。因为浮点数的保存会有误差,这个函数可用来查看真正的保存数值	实型	实型
NINT（a [, kind]) (DNINT)	返回最接近参数 a 的整数值	实型	整型
REAL(i)	把整型数转换为浮点数	整型	实型
RRSPACING(x)	返回 SPACING(x)的倒数	实型	实型
SCALE(x,i)	返回 x * (2 ** i)	x 为实型，i 为整型	实型
SET_EXPONENT(x,n)	返回 FRACTION(x) * (2 ** n)	x 为实型，n 为整型	实型
SIGN（a, b）(ISIGN, DSIGN)	b>=0 时,返回 ABS(a)；b<0 时,返回－ABS(a)	整型,实型	整型,实型
SPACING(x)	返回 x 值作能接受的最小变化值。因为浮点数的有效位数是有限的,它没有办法真正保存连续的数值。这个函数会返回用浮点数保存 x 值时所能接受的最小数值间隔	实型	
TRANSFER(source, mold[,size])	把 source 参数中的内存数据直接转换为参数 mold 所使用的类型,size 可以用来赋值要转换多少笔数据	source 为任意类型,mold 为任意类型, size 为整型	

2. 数学函数

表 C.2　数学函数

函　　数	功　　能	变量类型	函数值类型
ACOS(r)(DACOS)	计算 ARCCOSINE(r)	实型	实型
ASIN(r)(DASIN)	计算 ARCSINE(r)	实型	实型
ATAN(r) (DATAN)	计算 ARCTANGENT(r)	实型	实型
ATAN2(a,b) (DATAN2)	计算 ARCTANGENT (a/b)	实型	实型
COS(x)(CCOS,DCOS)	计算 COSINE(x)	实型,复型	实型,复型
COSH(r) (DCOSH)	计算 HYPERBOLIC COSINE(x)	实型	实型
EXP(n)(CEXP,DEXP)	计算指数函数 e^n 的值	实型,复型	实型,复型
LOG(x)(ALOG,DLOG,CLOG)	计算以自然对数 e 为底的对数值	实型,复型	实型,复型

续表

函数	功能	变量类型	函数值类型
LOG10(x)(ALOG10,DLOG10,CLOG10)	计算以10为底的对数值	实型	实型
SIN(x)(CSIN,DSIN)	计算SINE(x)	实型,复型	实型,复型
SINH(r)(DSINH)	计算HYPERBOLIC SINE(x)	实型	实型
SQRT(x)(CSQRT,DSQRT)	计算x的开平方值	实型,复型	实型,复型
TAN(r)(DTAN)	计算TANGENT(r)	实型	实型
TANH(r)(DTANH)	计算HYPERBOLIC TANGENT(r)	实型	实型

3. 字符函数

表C.3 字符函数

函数	功能	变量类型	函数值类型
ACHAR(i)	返回ASCII字符表上编号为i的字符	整型	字符型
ADJUSTL(s)	返回向左对齐的字符串s	字符型	字符型
ADJUSTR(s)	返回向右对齐的字符串s	字符型	字符型
CHAR(i[,kind])	返回计算机所使用的字集表上编号为i的字符。PC上使用的字集表为ASCII表,所以在PC上CHAR函数与ACHAR函数效果相同	整型	字符型
IACHAR(c)	返回字符c所代表的ASCII码	字符型	整型
ICHAR(c)	返回字符c在计算机所使用的字集表中的编号。在PC上ICHAR与IACHAR效果相同	字符型	整型
INDEX(a,b[,back])	返回子字符串b在母字符串a中第一次出现的位置。如果第3个参数back有给定真值,代表从后面开始搜索,返回子字符串b在母字符串a中最后一次出现的位置	a、b为字符型,back为逻辑型	整型
LEN(s)	返回字符串s的长度	字符型	整型
LEN_TRIM(s)	返回字符串s除去字尾空格符后的长度	字符型	整型
LGE(a,b)	判断对于a、b两个字符串a>=b是否成立	字符型	逻辑型
LGT(a,b)	判断对于a、b两个字符串a>b是否成立	字符型	逻辑型
LLE(a,b)	判断对于a、b两个字符串a<=b是否成立	字符型	逻辑型
LLT(a,b)	判断对于a、b两个字符串a<b是否成立	字符型	逻辑型
REPEAT(s,i)	返回一个重复i次s的字符串	s为字符型,i为整型	字符型
SCAN(a,b[,back])	返回字符串b所包含的任意字符在字符串a中第一次出现的位置。如果c有给定真值,则返回最后出现的位置	a、b为字符型,back为逻辑型	整型
TRIM(s)	返回把字符串s尾部的空格符除去后的字符串	字符型	字符型
VERIFY(string,set[,back])	检查在字符串string中有没有包含字符串set中的任何字符,返回字符串string中第一个出现不属于字符串set字符的位置。如果back有给定真值,则返回最后一次出现的位置	string、set为字符型,back为逻辑型	整型

4. 数组名称和数组函数

表 C.4 数组名称

名 称	含 义
array	任何维数的数组
vector	一维数组
matrix	二维数组
dim	数组的维数,是一个整数
mask	数组的逻辑运算
[ ]	括号中表示可忽略的参数

表 C.5 数组函数

函 数	功 能	变量类型	函数值类型
ALL(mask[,dim])	对数组做逻辑判断,如果每个元素都合乎条件就返回真值,否则返回假值		逻辑值
ALLOCATED (array)	检查一个可变大小的数组是否已经声明大小		逻辑值
ANY(mask[,dim])	对数组做逻辑判断,只要有一个元素合乎条件就返回真值。用法与 ALL 很类似,只差在判断时所使用的条件由"全部"改成"任何"		逻辑值
COUNT(mask [,dim])	对数组做逻辑判断,返回合乎条件的元素数		整型
CSHIFT(array, shift [,dim])	数组的元素值会以某一维为基准来循环交换内容。shift 表示平移的量值,dim 表示针对这一维来做交换	shift 为整型	数组
DOT_PRODUCT (vector_a, vector_b)	把两个一维数组当成向量来做内积	任何基本数值类型的数组	任何基本数值类型
DPROD(vector_a, vector_b)	同样做两个向量的内积,返回值为双精度浮点数	实型数组	双精度浮点数
EOSHIFT(array, shift[,boundary] [,dim])	把数组以某个维数为基础,移动数组中的元素。boundary 有值时,移动后剩下的位置会设置成 boundary 的值		数组
LBOUND(array [,dim])	返回数组声明时的下限值		整型
MATMUL(matrix_a, matrix_b)	对两个二维数组所存放的矩阵内容做矩阵相乘运算,返回值是二维数组		二维数组
MAXLOC(array [,dim][,mask])	找出数组最大值所在的位置,返回值可能是整数或是整数数组;当数组 array 为一维时,返回一个整数;当数组为 n 维数组时,返回大小为 n 的一维数组		整型
MAXVAL(array [,dim][,mask])	返回数组中的最大元素值		数组类型

续表

函　　数	功　　能	变量类型	函数值类型
MERGE(true_array, false_array[,mask])	true_array、false_array 大小要完全相同，merge 会根据 mask 运算的结果来决定要取 true_array 或 false_array 的值到返回的矩阵当中。mask 运算中某一位置为"真"时，会填入 true_array 的值；为"否"时，会填入 false_array 的值		数组
MINLOC (array [,dim][,mask])	返回数组中最小元素的位置		整型
MINVAL (array [,mask])	返回数组中最小元素的值		整型
PACK (array, mask [,vector])	根据数组在内存中的排列顺序，按照 mask 运算的逻辑值，把判断成立的数值从 array 中取出，放到返回值的一维数组中。当 vector 没有输入时，返回值的数组大小为 array 中条件成立的数值数目。vector 有输入时，返回值的数组大小与 vector 相同	array 为任何类型的数组	一维数组，类型与输入的数组相同
PRODUCT(array [,dim][,mask])	返回数组中所有元素的相乘值		整型数组
RESHAPE(data, shape)	通过 shape 的设置，把一串数据"整形"好后，再传给一个数组。这个函数用来转换不同类型的数组数据，参数 data 会经过数组在内存中的排列顺序，把它的内容视为一长串数字。参数 shape 可以把这组数字数据视为它所设置的数组类型		数组
SHAPE(array)	返回数组的维数及大小，假设 array 为 n 维数组，则返回值为大小为 n 的一维数组		数组
SIZE(array[,dim])	返回数组大小		整型
SPREAD(source, dim, ncopies)	把一个数组复制到比自己高一维的数组中，复制次数由 ncopies 来决定，而复制的"基础位置"则由 dim 来决定要在哪一维。若参数 source 为一个数值，则返回值是大小为 ncopies 的一维数组。若参数 source 是大小为($d_1, d_2, \cdots, d_n$)的数组，则结果是大小为($d_1, d_2, \cdots, d_{dim-1}$, ncopies, $d_{dim}, \cdots, d_n$)的数组	source 为任意类型数组，dim、ncopies 为整型	数组
SUM(array[,dim][,mask])	计算数组元素的总和		数组类型
TRANSPOSE (matrix)	返回一个转置矩阵		二维数组
UBOUND(array [,dim])	返回数组声明时的下限值		整型或数组

续表

函　　数	功　　能	变量类型	函数值类型
UNPACK(vector, mask, field)	根据逻辑运算的结果,返回一个变形的多维数组。结果会根据在内存中的顺序,如果逻辑为真,会填入 vector 的值,否则就填入 field 的值。UNPACK 函数刚好与 PACK 相反,它是用来把一维数组转换为多维数组	field 为任意类型数值	数组

5. 查询状态函数

表 C.6　查询状态函数

函　　数	功　　能	变量类型	函数值类型
ASSOCIATED (pointer [,target])	检查指针是否已经设置目标。target 有输入时,则检查 pointer 是否指向 target 变量		逻辑型
BIT_SIZE(i)	返回参数 i 占了多少位的内存空间	整型	逻辑型
DIGITS(r)	返回浮点数 r 使用多少位来记录"数字"的部分	实型	整型
EPSILON(r)	参数 r 的数值不影响结果,只有参数 r 的类型会影响结果。它返回 spacing(1.0_4)或 spacing(1.0_8)的值。输入单精度浮点数时,返回 spacing(1.0_4),也就是当变量为 1.0 时所能计算的最小数字间隔大小	实型	实型
HUGE(x)	返回参数 x 的类型所能记录的最大数值	整型,实型	整型,实型
KIND(x)	返回参数声明时使用的 kind 值	整型,实型	整型
MAXEXPONENT (x)	返回浮点数 r 所能接受、记录的数值中最大 2^i 的 i 值	实型	整型
MINEXPONENT (x)	返回浮点数 r 所能接受、记录的数值中最小 2^i 的 i 值	实型	整型
PRECISION(x)	返回参数类型的有效位数范围	实型,复型	整型
PRESENT(x)	在函数中检查是否有某个参数传递进来	任意类型	逻辑型
RADIX(x)	返回保存参数 x 所使用的数字系统。通常的返回值是 2,代表二进制系统	整型,实型	整型
RANGE(x)	返回参数类型所能保存的最大值域范围,返回的 n 值代表 10n	整型,实型,复型	整型
SELECTED_INT_KIND(i)	返回要声明参数所赋值的值域范围的变量时,所应使用的 kind 值	整型	整型
SELECTED_REAL_KIND(p.r)	返回要声明能够保存 p 位有效位数、指数为 r 时的浮点数所应使用的 kind 值	整型	整型
TINY(r)	返回参数类型所能保存的最小的正数值	实型	实型

6. 二进制运算函数

表 C.7　二进制运算函数

函　数	功　能	变量类型	函数值类型
BIT_SIZE(i)	返回参数 i 所占用的内存位数	整型	整型
BTEST(i,pos)	检查整数 i 以二进制保存时第 pos 位的值是否为 1	整型	逻辑型
IAND(a,b)	对 a、b 做二进制的逻辑与运算	整型	整型
IBCLR(i,pos)	返回把整数 i 值以二进制保存时第 pos 位的值设为 0 后的新值	整型	整型
IBITS(i,pos,n)	把整数 i 值以二进制保存时的第 pos～pos＋n 位取出所代表的值	整型	整型
IBSET(i,pos)	返回把整数 i 值以二进制保存时第 pos 位的值设为 1 后的新值	整型	整型
IEOR(a,b)	返回对 a、b 做二进制异或运算后的值	整型	整型
IOR(a,b)	返回对 a、b 做二进制或运算后的值	整型	整型
ISHFT(a,b)	返回把整数 a 以二进制方法右移 b 位后的数值	整型	整型
ISHFTC(a,b[,size])	返回把整数 a 以二进制方法右移 b 位后的数值,右移出去的高位数会循环放回低位中	整型	整型
MVBITS(from,frompos,len,to,topos)	这是子程序,不是函数。to 是返回的参数。取出整数 from 中的第 frompos～frompos＋len 位的值,重新设置整数 to 中的 topos～topos＋len 处的位置	整型	
NOT(i)	返回把整数 i 的二进制值做 0、1 反相后的结果	整型	整型

7. 其他函数

表 C.8　其他函数

函　数	功　能	变量类型	函数值类型
DATA _ AND _ TIME (data,time,zone,values)	这是子程序,不是函数。把当前的时间返回参数中	data、time、zone 为字符型,values 为整型数组	
RANDOM_NUMBER(r)	这是子程序,不是函数。生成一个 0～1 的随机数值,在参数 r 中返回	实型	
RANDOM_SEED([size,put,get])	这是子程序,不是函数。用 get 数组来返回目前所使用来启动随机数的“种子”数值。或用 put 数组来设置新的随机数,启动“种子”数值	整型	
SYSTEM_CLOCK(c,cr,cm)	这是库存子程序,不是库存函数。c 会返回程序执行到目前为止的处理器 clock 数,cr 会返回处理器每秒的 clock 数,cm 会返回 c 所能保存的最大值	整型	

参考文献

[1] 闫彩云,王红鹰.程序设计基础——Fortran 95[M].北京:清华大学出版社,2011.

[2] 谭浩强,田淑清.FORTRAN 语言——FORTRAN 77 结构化程序设计[M].北京:清华大学出版社,1990.

[3] 彭国伦.Fortran 95 程序设计[M].北京:中国电力出版社,2002.

[4] 刘卫国,蔡旭辉.FORTRAN 90 程序设计教程[M].2 版.北京:北京邮电大学出版社,2007.

[5] 刘卫国,戴中.FORTRAN 90 程序设计上机指导与习题选解[M].北京:北京邮电大学出版社,2003.

[6] 白云.FORTRAN 90 程序设计[M].上海:华东理工大学出版社,2003.

[7] 白云.FORTRAN 95 程序设计实验指导与测验[M].北京:清华大学出版社,2012.

[8] 汪同庆.Fortran 90 程序设计[M].武汉:武汉大学出版社,2004.

[9] 田秀萍,张晓霞.FORTRAN 90 程序设计教程[M].北京:兵器工业出版社,2005.

[10] 黄晓梅,张伟林.FORTRAN 90 语言程序设计教程[M].合肥:安徽大学出版社,2002.

[11] 吴文虎.程序设计基础[M].北京:清华大学出版社,2003.

[12] 陆朝俊.程序设计思想与方法——问题求解中的计算思维[M].北京:高等教育出版社,2013.

[13] 宋叶志,茅永兴,赵秀杰.Fortran 95/2003 科学计算与工程[M].北京:清华大学出版社,2011.

图书资源支持

感谢您一直以来对清华版图书的支持和爱护。为了配合本书的使用，本书提供配套的资源，有需求的读者请扫描下方的“书圈”微信公众号二维码，在图书专区下载，也可以拨打电话或发送电子邮件咨询。

如果您在使用本书的过程中遇到了什么问题，或者有相关图书出版计划，也请您发邮件告诉我们，以便我们更好地为您服务。

我们的联系方式：

清华大学出版社计算机与信息分社网站：https://www.shuimushuhui.com/

地　　址：北京市海淀区双清路学研大厦 A 座 714

邮　　编：100084

电　　话：010-83470236　010-83470237

客服邮箱：2301891038@qq.com

QQ：2301891038（请写明您的单位和姓名）

资源下载：关注公众号“书圈”下载配套资源。

资源下载、样书申请

书圈

图书案例

清华计算机学堂

观看课程直播